轨道交通
柔性牵引供电关键技术
及其电能质量治理研究

林云志 金涛 主编

清华大学出版社
北京

内 容 简 介

随着高速铁路和地铁等轨道交通技术的迅猛发展,电力电子技术及柔性化交直流供电系统等方面的研究及应用受到了广大国内外学者越来越多的关注。本书详细介绍了电力电子技术及柔性化交直流供电的基本理论以及该理论在轨道交通中的应用。重点介绍了逆变器在柔性轨道交通供电系统运行时的输出电流控制及输出电压控制、贯通式同相供电技术以及基于 UPQC 的电能质量治理。

本书可供从事轨道交通、新能源并网、电力电子建模与控制、预测控制算法及其工程应用的教师、研究生、工程技术人员等参考和阅读。

图书在版编目(CIP)数据

轨道交通柔性牵引供电关键技术及其电能质量治理研究/林云志,金涛主编.—北京:清华大学出版社,2023.9
ISBN 978-7-302-63796-7

Ⅰ.①轨… Ⅱ.①林… ②金… Ⅲ.①城市铁路-轨道电路-牵引供电系统-柔性结构-研究 Ⅳ.①TM922.31

中国国家版本馆 CIP 数据核字(2023)第 105799 号

责任编辑:王　欣　赵从棉
封面设计:常雪影
责任校对:薄军霞
责任印制:沈　露

出版发行:清华大学出版社
　　　　网　　　址:http://www.tup.com.cn,http://www.wqbook.com
　　　　地　　　址:北京清华大学学研大厦 A 座　　　邮　　编:100084
　　　　社 总 机:010-83470000　　　　邮　　购:010-62786544
　　　　投稿与读者服务:010-62776969,c-service@tup.tsinghua.edu.cn
　　　　质量反馈:010-62772015,zhiliang@tup.tsinghua.edu.cn
印 装 者:三河市龙大印装有限公司
经　　销:全国新华书店
开　　本:185mm×260mm　　印　张:11.5　　　　　字　　数:275 千字
版　　次:2023 年 10 月第 1 版　　　　　　　　　印　　次:2023 年 10 月第 1 次印刷
定　　价:68.00 元

产品编号:100459-01

《轨道交通柔性牵引供电关键技术及其电能质量治理研究》

编写委员会

主　　编：林云志　金　涛

编写人员：韩志伟　王道敏　鲁玉桐　余　刚　李增勤
　　　　　孙明新　王　颖　李熙光　李汉卿

前言

作为电气化铁路总里程、运能世界第一的国家,我国轨道交通技术以其高密度运输、安全准点等优点,在国民经济中起着越来越重要的作用。轨道交通是以电能为动力,以轮轨为运转方式,具有快速、大运量的交通运转系统。其中,干线电气化铁路的供电方式仍以异相供电系统为主,列车及相关用电设备的电力供应通过牵引所获得,电气化铁路区域的电力系统能力、电能质量等直接影响列车运行。电气化铁路牵引供电系统存在的过分相环节也降低了列车运行速度,牵引供电系统采用单相交流供电(AC 25kV),系统负荷为典型三相不对称负荷,产生的负序电流流入电网增加了电力系统的功率,使负序问题更加突出,牵引系统等非线性负载也会把多次谐波电流引入电网从而引起电能质量问题。

随着高速铁路和地铁等轨道交通技术的迅猛发展,电力电子技术及柔性化交直流供电系统等方面的研究及应用受到了广大国内外本领域学者越来越多的关注,柔性交直流供电系统的发展为轨道交通的供电方式提供了另一种探索方向,有利于提升牵引供电质量并解决列车的过分相问题。本书内容涵盖了轨道交通、能量路由器、新能源并网、电力电子建模与控制、预测控制算法等相关研究领域,其中重点介绍了逆变器的离网和并网控制、贯通式同相供电系统和基于UPQC的电能质量管理,对比了多种控制算法的优点和不足,可供从事相关行业的教师、研究生、工程技术人员等参考和阅读。

本书共分为10章。第1章为绪论,主要介绍本书的研究背景,总结国内外轨道交通牵引供电系统的研究现状,分析轨道交通柔性供电关键技术以及存在的电能质量问题和治理方法。第2章为基于能量路由器的轨道交通柔性供电系统,首先建立了能量路由器的轨道交通供电系统架构,然后进行了相关的供电工作模式分析和源端、负荷端变换器设计,在此基础上提出了能量路由器的协调控制策略方法和理论。第3章至第5章为模型预测控制技术在轨道交通供电系统中的应用研究。根据传统三相两电平逆变器的拓扑结构建立离散数学模型,对模型预测控制策略进行了详细介绍,随后针对传统基于模型预测控制策略的逆变器共模电压抑制方案所存在的电流畸变率较大的问题,提出基于优化虚拟电压矢量选择的逆变器输出共模电压抑制方案,同时提出一种以模型预测控制算法为基础的并网逆变器输出电流及功率协调控制策略,分析了具有建模误差补偿的离网型逆变器多步模型预测电压控制,并探讨了其在轨道交通供电中的应用。第6章为轨道交通贯通式同相供电技术,包括工作原理、控制方案设计、相关建模与仿真分析等。第7、8、9章涉及UPQC在轨道交通微电网中的电能质量,包括基于UPQC的系统结构、补偿量检测方法、电能质量控制策略等。

第10章为实验结果与分析,通过半实物仿真系统RT-LAB对本书所提策略进行实验分析,同时对本书重点理论和方法进行实验验证。

本书成果得到国家自然科学基金联合基金重点项目(U2034201)、国家自然科学基金面上项目(51977039)、中国中铁重大科技项目(2019-重大-11)、中央引导地方科技发展专项(2021L3005)等课题的资助。同时在研究过程中,得到清华大学、福州大学、北京交通大学、中国中铁股份有限公司、中国中车股份有限公司、北京市基础设施投资有限公司、北京市轨道交通建设管理有限公司、福州地铁集团有限公司、北京市轨道交通运营管理有限公司等单位领导及专家的指导,特别是中国中铁股份有限公司劳模工作创新工作室联盟及福州大学先进电气与轨道交通装备研究院,在此表示诚挚谢意。本书参考了国内外柔性交直流供电及电能质量等方面的著作和论文,并在书中每章末尾列出了相关参考文献,在此对其作者表示衷心感谢。

本书旨在抛砖引玉,希望能对读者有所裨益,并恳请广大读者批评指正。

作　者

2023 年 4 月

目 录

第1章

绪　论

1.1　课题研究背景及意义

城市轨道交通是世界公认的具有运量大、能耗低、污染少、快捷、舒适、安全等特点的绿色环保交通运输体系,在缓解城市交通压力、改善居民出行及物资流通条件、充分利用土地资源、合理调整城市布局、促进城市可持续发展和城市建设等方面发挥着重要的作用[1]。

目前,国内许多大型城市逐步建立了以地铁为主要运输方式,多种轨道交通类型相辅相成的城市轨道交通系统[2],多种轨道交通系统在城市公共交通中起到了非常重要的作用,有些城市的轨道交通载客量已经占城市总客运量的 $50\%\sim80\%$,名副其实地成为城市交通的骨干网络[3],带动了城市的可持续发展。

首先,随着城市轨道交通运营里程的迅速增加,地铁运营能耗越来越大。据统计,地铁实际电能消耗分布统计图如图 1-1 所示,其中牵引供电占据了 46% 左右,牵引供电系统由牵引变电所、牵引网、钢轨、回流线等部分组成,其电能消耗主要来自电客车的运行牵引,该电能消耗同时也是城市轨道交通供电系统中能源消耗的主要部分。城市轨道交通已成为城市用电大户,其节能减排问题日益突出。近年来,多种技术被应用于轨道交通以降低车辆运行能耗,如车体轻量化设计、列车牵引变压变频(variable voltage and variable frequency, VVVF)传动方式、光伏接入、再生制动电能吸收装置等。

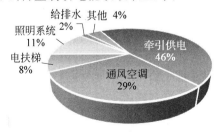

图 1-1　地铁实际电能消耗分布统计

其次,随着全球经济社会的快速发展、全球人口的急剧增长、全球气候环境日益恶劣以及全球不可再生能源尤其是化石资源的储备量日益减少,将发展可再生的清洁新能源作为长期发展的重要举措正受到全球越来越多国家的重视[4]。最新的《世界能源发展报告》中指出,光伏发电、风力发电以及生物质能发电已成为世界各国发展新能源的主要目标,并且朝着高效、清洁、多样化的方向快速转型[5-6]。图 1-2 为根据《2019 新能源市场长期展望(NEO)》报告所预测的 2050 年前全球风力发电和太阳能发电的占比,从图 1-2 可以看出,在未来的 50 年清洁新能源特别是风力发电和太阳能发电在全球各个国家都将会得到大力的发展,并将在全球发电量中占据很大的比重。

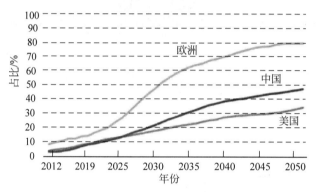

图 1-2　全球风力发电和太阳能发电量预测占比

我国风力发电和太阳能发电持续保持较快的发展,截至 2018 年,我国风力发电新增装机量 2026 万 kW,装机总规模增至 1.84 亿 kW,比同期增长了 12.4%。同时,根据最新的电力行业年度发展报告,我国风力发电、太阳能发电合计发电量及占比呈逐年上升的趋势,如图 1-3 所示。因此,加快发展新能源发电与轨道交通系统相结合是未来电力系统的重要发展方向。

图 1-3　中国风力发电和太阳能发电合计发电量及占比

在能源和环境的双重压力下,由于可再生清洁能源发电所固有的特点,例如发电规模较小且较为分散、受环境影响较大导致间歇发电、与负荷中心相距较远等,对可再生能源发电经传统直流输电技术或交流输电技术进行并网存在较大的困难。同时,随着城市的不断发展及城区负荷的快速增长,对电网容量也需要进一步扩充,电网建设相对滞后并且输电走廊紧张,线路输送负载不均衡及利用率低等问题日益突出,如何在现有输电条件的基础上,采用新的输电模式和技术手段,提升输电线路传输能力,是当前城市电网面对的一大挑战[7-9]。

有别于传统的基于自然换相技术的电流源型换流器的高压直流输电(high voltage direct current transmission based on current sourced converter,CSC-HVDC),基于电压源型换流器的高压直流输电(high voltage direct current transmission based on voltage sourced converter,VSC-HVDC)是一种全新的输电模式,具有较大的发展潜力。与传统直流输电方式相比,以可控关断器件、电压源型换流器和脉宽调制(pulse width modulation,PWM)控制技术为基础的柔性直流输电技术具有较为明显的优势:在相同的输电走廊条件下,线路的输电能力得以较大提升;不需要开发新的输电走廊,在原有输电走廊基础上进行直流电缆的地下铺设不仅可以减小线路辐射,并且对环境的破坏也较小;对换流站内部设备采用模块化封装设计,从而便于安装,对换流站整体可设计在地下,从而节约地上土地资源;由于换流站采用绝缘栅双极晶体管(insulated gate bipolar translator,IGBT)、门极可关断晶闸管(gate turn-off thyristor,GTO)等全控型器件,从而可以灵活快速地实现有功、无功的独立控制。上述良好的技术性能基础,以及城市电网存在的问题和未来发展的要求,使得多端柔性直流输电技术在城市电网改造中有着较为广阔的应用前景[9-12]。但目前多端柔性直流工程基本上都是用于大规模风电场互联、孤立海岛电网供电等领域,对其应用于城市输配电网中的情况国内外还少有涉及,也缺乏足够的技术储备。

多端柔性直流输电系统是在双端柔性直流输电系统基础上通过增加换流站数目而来的。双端柔性直流输电系统结构图如图 1-4 所示,双端系统的运行状态对任一换流站的故障敏感性较高,而多端系统则受某一换流站故障的影响较小。多端系统还具有运行模式灵活、可控性较好及可靠性较高等优势,从而使其在风能、太阳能等可再生能源发电并网、局部区域中低压输配电网、城市电网扩容改造等领域均具有较大的发展潜力,适合应用于城市供配电网,多端系统未来必将成为构成城市供配电网的重要组成部分[12-15]。

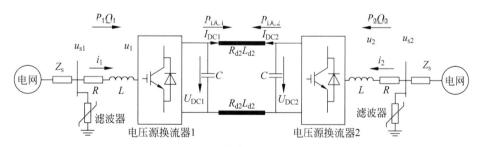

图 1-4　双端柔性直流输电系统结构图

能量路由器技术是解决当前能源危机和优化能源结构的必然选择,也是提供安全、可靠、优质电能服务的必要前提。由于轨道交通中存在各种电力转换装置、不同的电力转换模式以及多个电源,轨道交通电力网的控制具有一定的复杂性。随着现代技术的进步,许多高精度电子设备和智能电表在电能质量方面的要求越来越高。由于轨道交通系统本身的特殊性,其电能质量不仅与内部分布式电源、能量存储和负载操作特性有关,并且与连接的配电网网络之间存在相互影响作用,所以对于轨道交通电能质量的监测十分重要。

1.2 轨道交通供电系统的研究现状

1.2.1 国内外牵引供电系统的研究现状

国内外的研究人员为了解决电气化铁路中牵引负荷引起的三相电压不平衡问题、电分相问题提出了很多的方法,德国采用 15 kV、16.7 Hz 的非工频供电,这就从根本上避免了三相电压不平衡问题,但是这种供电方式与我国国情不符。文献[16]中日本学者通过铁路静止无功调节(railway static power conditioner,RPC)装置对负序功率进行补偿,该装置同时对谐波有很好的滤除作用,但电分相问题仍然没有得到很好的处理。文献[17]提出了组合式同相供电技术,为解决电气化铁路电分相及电能质量问题提供了很好的途径。组合式同相供电技术也于2014 年 12 月在山西中南部铁路通道重载综合试验段沙峪牵引变电所成功投入运行。另外,2018 年 7 月采用同相供电技术的温州市域铁路 S1 线一期接触网一次送电成功,更加证明了同相供电技术在牵引供电领域的可靠性。

在电缆广泛应用于城市供电网络的环境下,电缆的优点日益被大众认识和了解,电力电缆具有良好的供电能力,但由于前些年电缆造价相对昂贵,电缆极少用于电气化铁路的供电,日本在局部电气化铁路使用电力同轴电缆(coaxial cable,CC)供电方式[18]。随着电缆制造技术的发展和提高、电力电缆在供电领域的广泛应用,电力电缆在电气化铁路的供电应用前景广阔。在电气化铁路运用电缆进行供电的研究中,最开始是将电缆用于电气化铁路的长距离供电上,文献[19,20]对电力电缆阻抗和容性参数的计算和电气特性进行了研究。文献[21]推导了电缆+自耦变压器(auto-transformer,AT)供电方式的牵引网电流分布、牵引网等值阻抗、电压降落及电压损失的数学表达式,建立了电缆的仿真模型。文献[22]对电缆的供电原理和特性进行了分析,计算了不同截面积电缆与接触线分流系数,对电缆的波阻抗和自然功率进行了分析,并将电缆牵引供电的能力与 AT 供电方式进行比较,得出了电缆供电方式下的供电能力优于 AT 供电方式下的供电能力的结论。文献[23]对与新型牵引供电系统相似的新型电缆供电技术进行了研究,提出了新型电缆供电系统中电缆牵引网等效模型,理论上分析了新型电缆牵引供电系统牵引网电流分布、牵引网电压损失。文献[24]以大秦铁路为研究对象,针对大秦铁路负荷特征,对大秦铁路运用新型电缆供电方案进行改造设计,对主变电所(110 kV)供电电缆和牵引变电所进行了设计及配置,并从外部电源投资、设备利用率、过分相装置投资、线路运量提升以及再生制动能量利用等方面计算了改造方案的一次性投资及经济效益,利用系统动力学模型将新型电缆供电方案与既有供电方案做经济性对比分析,给出了新型电缆供电方案的经济性优势以及技术优势。

在牵引供电网电压损失的计算方式上,文献[25]提出,由于高速铁路功率因数接近于1,所以传统的工程计算方法不适用于计算高速铁路牵引网电压损失,文献作者建议采用电压降模值计算方法。文献[26]指出,采用工程近似方法计算交直交型机车在牵引供电系统中产生的电压损失存在较大误差,分析了误差产生的原因,提出采用向量计算方法的建议。

近几年对城市轨道交通使用交流制供电的研究越来越多,许多轨道交通项目也运用了交流制供电,比如成都地铁 17、18 号线的设计采用 25 kV 交流制供电。文献[27]从运输便捷性、系统可靠性和方案经济性三项市域轨道交通牵引供电制式选择的基本原则对市域规划线三种牵引供电方案进行对比分析,给出了市域规划线的交流制式和双制式两个优选方案。为了避免现行直流牵引供电系统的迷流,同时发挥其无分相的优势,文献[28]提出并研究了一种交流牵引供电系统,这种系统结构与本书中新型牵引供电系统结构已大体相似。文献[29]对城市轨道交通交流供电方案进行了分析,对集中式和分散式交流供电结构从理论与经济性两方面进行了比较,得出了采用集中式工频单相交流供电方案更好的结论。

针对城市轨道交通应用交流制式的研究与发展,结合组合式同相供电技术与电缆供电方式的优点,文献[30]在干线铁路同相供电和城市轨道工频交流供电的基础上,以实现干线铁路和城市轨道无分相、不间断供电和彼此互联互通为目标,提出了一种新型牵引供电系统适用于干线铁路与城市轨道相统一的牵引供电方式,该新型牵引供电系统由主变电所和牵引供电网组成,牵引供电网由供电网、牵引所和牵引网组成,供电网和牵引网实行梯级供电,即本书中所研究的新型牵引供电系统;该文献对牵引网的接触供电与集电方式进行了研究,提出了一种新的接触带接触供电方式;同时该文献对新型牵引供电系统中的供电网电压等级和牵引网电压等级选取提出了方向,但两层供电网的电压等级还需进行进一步的研究与确定,相关的一些技术及问题也亟待研究。

1.2.2　国内外柔性供电系统的研究现状

柔性直流输电是通过运用电压源型换流器技术,采用绝缘栅双极晶体管,运用脉宽调制技术来进行整流逆变的,是一种新型高压直流输电方式,相对于传统直流输电,其优势非常明显。近年来柔性直流输电高速发展,目前限制柔性直流输电系统电压等级和容量提升的主要因素是电缆的电压等级和现有绝缘栅双极晶体管等电力电子器件的发展水平。采用电缆供电方式,能极大地减少高原、沙漠、沿海等严酷地区灾害天气对输电线路的干扰,电网故障后的快速恢复控制能力也大大增强,从而提高了供电可靠性。随着电力电子器件耐压水平的日益提高,以及高压电缆的不断发展,柔性直流输电系统的容量和电压传递等级也会发生巨大的飞跃。

目前柔性直流输电在工程上的应用很多,其中比较著名的有欧洲伊斯特互联(Estlink)工程、传斯贝尔联络(Trans Bay Cable)工程、哥特兰(Gotland)工程、克劳斯·桑德互联(Cross Sound Cable)工程等。最近几年来,我国也逐渐加大对柔性直流输电工程的研究,建设了上海南汇柔性直流输电示范工程、大连柔性直流输电工程、舟山柔性直流输电工程等。国外的几项柔性直流工程建设的主要作用是满足本地区供电需求,在地区之间实现系统的互联,提高供电的可靠性。我国的柔性直流输电工程应用,在满足供电需求、提高电网稳定性的前提下,作为试点,进行了实验性的研究。我国国土面积辽阔,不同区域气候差异较大,风电资源丰富,目前电力系统多为交流输电形式,风电并网困难。上海南汇柔性直流输电示范工程研究风电并网技术,其传输容量为 20 MW,综合考虑输电系统损耗以及 IGBT 串联的可实现性,确定示范工程的额定直流电压为 ±30 kV,以该工程为依托,通过短路试验,实现了风电并网,提高了风电场的低电压穿越能力。2012 年,大连市开始建设柔性直流输电工程,该工程将大连市北部主网和市区南部港东地区电网相连接,额定容量为 1000 MW,直流电压达到 ±320 kV,输送距离约 60 km,换流阀控制技术的研究达到世界领先水平。舟山柔性直流输电工程则面向对无源网络的供电,该工程包含 5 个换流站,系统总容量为 1000 MW,其中最大的换流站容量为 400 MW,直流电压等级达到了 ±200 kV,以该工程为契机,实现柔性直流输电对孤岛供电领域的初步研究,同时也对未来柔性直流输电的发展趋势,即多端柔性直流提供技术和工程上的良好借鉴。

我国电网从2006年起大力发展柔性直流输电技术,近年来已有多条线路投入运行,而在铁路方面并未开展实际应用。当前铁路输电情况迫切需要我们寻求新的技术来满足当前铁路快速发展的需求。柔性直流输电技术,控制灵活,优势明显,作为一种前沿技术,其在铁路供电领域的应用会给铁路供电技术带来新的突破。此外,当前柔性直流输电的主要发展方向为多端直流输电。多端直流输电(multi-terminal HVDC)是直流电网发展的初级阶段,是由3个以上换流站通过串联、并联或混联方式连接起来的输电系统,能够实现多点受电,适用于铁路沿线区间架设箱式变电站的供电形式。由于柔性直流输电在构建多端系统方面具有的独特技术优势,柔性直流输电技术在铁路供电系统中会有很好的应用。

近年来,日本也在不断进行新技术的研究,尝试着将直流输电方式应用于铁路供电领域。日本铁道综研所开发了接触网电压不变,架设高压输电线供电的高压直流输电形式,其结构如图1-5所示。在长距离输电过程中,电容效应造成线路末端电压升高,对于产生的低电压穿越效应可以通过柔性直流输电技术加以解决。在较为偏远的地区或者人迹罕至的沙漠地带,由于铁路沿线电力供电环节的外部电源不能及时引入,不得不采取长距离供电方式,进而引起供电质量下降的问题。对于该问题可以通过柔性直流输电技术的应用加以解决,实现对铁路系统电能质量的提高,通过实现风能、太阳能等新型能源的并网,及时提供所需电能,不受较偏远地区地理环境的制约,使新能源为铁路机车和10 kV电力供电系统提供电能支援,从而解决外部电源不能及时引入的问题,保证铁路系统的正常供电。这也是本书的主要研究方向,该研究方向具备创新性,结合未来铁路电力供电系统发展的趋势,探讨柔性直流输电在铁路电力系统中的应用。在本书后续章节中,将对柔性直流输电技术原理进行系统介绍,结合当前铁路电力系统实际情况,在不同运行条件下,利用仿真软件进行分析,得到仿真结果,前瞻铁路电力供电技术的发展,并为此项技术的应用奠定理论基础。

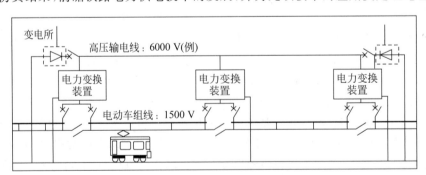

图1-5　日本高压直流输电形式

1.2.3　国内外同相供电系统的研究现状

同相供电技术最早由西南交通大学李群湛教授提出,旨在解决干线铁路的电能质量问题和列车过分相问题[31]。针对电气化铁路电能质量问题,日本从牵引变压器接线方式、补偿及滤波方面入手[32-33],研制了铁路静止无功调节(RPC)装置,实现了补偿负序和抑制谐波的功能[34]。RPC装置虽可解决电能质量问题,但仍保留了电分相。德国联邦铁路通过采用低频单相交流制(15 kV,16.67 Hz)实现电网侧和牵引侧的有效"隔离",可以取消电分相,但成本过高严重制约其发展[35-36]。

对于同相供电技术,经过长时期研究和发展,现已积累了大量理论研究成果和工程应用经验。理论成果方面,多集中于对同相供电装置拓扑结构、控制策略、容量优化配置和可靠性分析等方面进行研究,例如,舒泽亮教授等人构建了具备有功平衡、无功补偿和滤波功能的背靠背单相变流器的综合补偿模型及控制策略[37-38],陈民武等人对同相供电系统控制策略以及同相供电装置可靠性问题展开了研究[39-40],黄小红等人提出了基于模块化 H 桥和 VV 接线变压器的同相供电系统[41],张丽艳等人提出了同相供电装置容量的优化配置方法[42]。

在工程应用方面,依托"十一五"国家科技支撑计划重点项目,由西南交通大学联合有关单位研制了世界首套同相供电装置,于 2010 年 10 月在成(都)昆(明)线眉山牵引变电所投入试运行,运行结果表明,同相供电装置性能稳定,运行可靠,可有效解决电能质量问题和电分相问题。为提高同相供电系统的技术性和经济性,依托中国铁路总公司科技开发计划重大课题,研制了世界首套单三相组合式同相供电装置,于 2014 年 12 月在山西中南部铁路通道重载综合试验段沙峪牵引变电所投入运行,进一步促进了同相供电技术的成熟。2018 年 10 月,世界首套单相组合式同相供电装置也已在国家战略新兴产业示范线工程温州轨道交通 S1 线投入运行,标志着同相供电技术不仅可以应用于干线铁路和重载铁路,还可以应用于城市轨道交通,对促进城市轨道交通发展具有重要意义。

大量的基础理论研究和实际工程应用标志着同相供电技术已日趋成熟,然而,目前针对城市轨道交通采用组合式同相供电技术的研究并不多见,已有的牵引供电仿真模型对牵引所和牵引网的建模并不能很好适应城市轨道交通同相牵引供电系统。此外,同相供电装置内部构造复杂,功率模块长期工作在高频开关状态下,是系统可靠性的薄弱环节,同时其成本高昂,如何在工程设计阶段平衡好可靠性与经济性,实现同相供电装置容量的优化配置具有重要的意义。因此,有必要针对上述问题进行深入研究。

1.3　电力电子逆变器关键问题及其运行控制技术研究现状

随着"西气东输"国家战略的全面推进,大量西部地区的清洁新能源所产生的电能需要经过远距离高压输电输送到东部地区。但是高压输电线路常常受到雷击、狂风、冰雹等极端气候的影响,这将会严重影响到电网系统的正常稳定运行,甚至会引起较大的经济问题,影响系统供电的可靠性。因此,在新能源发电系统中,要求新能源发电既具有并网的能力,又具有作为分布式电源在离网状态下的运行能力,尤其是在偏远地区、暂未并入电网的地区以及海岛上,从而需要大量结合适用于孤岛运行的新能源发电系统[43-44]。

为了体现出新能源发电系统的优点,从而更好地发挥新能源发电系统的优势,必须要求能够开发出性能优越的新能源发电系统[45-46]。而要能够达到这一目标,必须解决以下几个关键技术问题。

1. 电网同步接入

对于并网逆变器来说,当新能源发电系统接入电网时逆变器输出电压必须与电网电压同步,这时才能将新能源发电系统并入电网中。因此,在并网逆变器控制中需要准确检测电网电压相位及频率[47-48]。对于并网逆变器同步问题可分为两种情况进行讨论。一种情况是并网逆变器即将并入电网之前,此时,逆变器的输出电压相位必须与电网电压相位相同,这样才能达到并入电网的要求。逆变器输出电压与电网电压不同步便并入电网将会导致逆变器输出电流产生较高的脉冲,从而可能危害到电网系统中的各个装置,甚至严重影响整个电网系统的安全[49]。另一种情况为逆变器已经并入电网且正在运行中,此时,逆变器需要与所连接的电源保持同步,否则电网系统将无法正常运行。依据实际采用的不同的控制策略,需要从电网端测得电网的相位、频率以及电压幅值。

2. 能量转换控制

在新能源发电逆变器系统中,能量转换技术是至关重要的核心技术之一。能量转换技术是指将新能源发出的电能通过变换器技术转换为所需的直流电能或交流电能的技术[50]。随着新能源发电系统中分布式电源并网容量的不断增加,如何保证在不影响逆变器输出电能质量的情况下提高系统能量转换效率成为新能源发电系统所需重点突破的关键技术之一。目前,提高新能源发电逆变器能源转换效率的方法主要有两种:一种方法是硬件方式,即改变并网逆变器的拓扑结构;另一种方法为软件方式,即采用不同的控制策略。

3. 低电压穿越

随着新能源发电技术的快速发展,大量新能源发电装置接入电网中。当电网发生某种故障时,若接入电网的大容量新能源发电系统无法稳定电网的电压及频率,将会对整个电力系统的安全稳定运行造成较大的影响。因此,根据电网准则要求,当电网发生短时电压降落时并网逆变器需要具备故障穿越的能力。图 1-6 给出了大中型光伏电站的低电压穿越能力要求。根据《光伏发电站接入电力系统技术规定》(GB/T 19964—2012)中所提出的要求[51],当光伏发电站的并网点电压低于 20% 的额定电压时,并网逆变器可以脱离电网,若未达到这一条件则要求并网逆变器必须在不脱网的情况下连续运行 1 s,即应该具备一定的低电压穿越能力[52]。

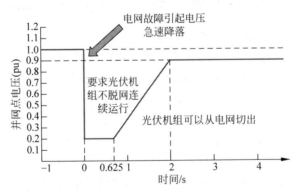

图 1-6 大中型光伏电站的低电压穿越能力要求[52]

对于新能源逆变器的控制需要解决几个关键的问题。例如,如何控制逆变器使其既能运行在并网模式下又能运行在离网模式下[53-54];如何解决由于逆变器在离网运行模式与并网运行模式之间相互切换而导致的逆变器输出电能质量下降问题；如何实现离网状态和并网状态的可靠切换。另外,还有如何达到并网逆变器输出电压与电网电压同步以保证并网逆变器有效接入电网[55-57],从而使得新能源发电系统并入电网时对电网的影响达到最小,以及逆变器在离网运行状态下当负载为不平衡负载或非线性负载时如何提高输出负载的电能质量。

为了实现以上控制目标,必须要设计出合理有效的控制方法来控制逆变器。本节将分别阐述比例积分(proportional integral,PI)控制、比例谐振(proportional resonant,PR)控制、模型预测控制(model predictive control,MPC) 3 种控制策略各自的优缺点。

1. PI 控制

PI 控制的物理原理较为清晰,其结构较为简单,较为容易实现并且能够获得较为良好的动态及稳态响应。对于直流无振荡分量,PI 控制可以实现无静差实时的跟踪,但当需要获取诸如电网中的交流信号时,PI 控制将无法准确跟踪参考量,从而使得输出存在一定的误差。并且,若选择的调节参数不够合理,其逆变器输出电流将会有较大的偏差,甚至超过元器件所允许的最大电流,从而可能会造成较大的安全隐患。图 1-7 给出了传统 PI 控制框图,图中采用两个 PI 控制器对并网逆变器进行 PI 双环控制。首先采用电压外环 PI 控制器得到电压值,并基于该值设置参考电流,最终经过 PWM 生成控制信号,从而实现对参考电流的准确跟踪。另外,针对传统 PI 控制在检测交流信号时会出现稳态偏差的问题,有学者在电压外环中加入逆变器直流侧电压和并网电流等前向反馈环节。该 PI 控制策略提高了控制器对于系统的动态响应速度,并且能够满足直流侧母线电压的稳定。但是这种控制策略具有一定的局限性,当电网发生某种故障而导致电网三相电压不对称时,这种方法将无法达到较好的控制效果。

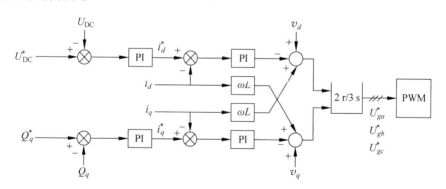

图 1-7 传统 PI 控制框图

2. PR 控制

PR 控制是对 PI 控制的改进,并加入谐振环节以控制系统在谐振频率点的开环增益,因此能够增加整个控制系统对于干扰的抵抗能力。PR 控制能够较为有效地解决传统 PI 控制器无法对交流信号进行准确跟踪的问题[58-60]。传统 PR 控制框图如图 1-8 所示。相比于PI 控制,PR 控制只需在 $\alpha\beta$ 坐标系下完成,无需进行烦琐的 dq 坐标变换。

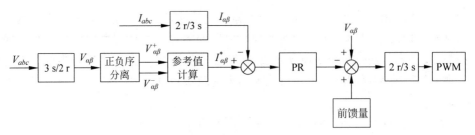

图 1-8　传统 PR 控制框图

3. 模型预测控制

近几年,随着微型处理器运算能力的大大提高以及数字信号处理技术的快速发展,模型预测控制(MPC)技术在电气化领域尤其是电力电子方面被越来越广泛地应用。模型预测控制技术是最近兴起的一种新型控制技术[61-63]。图 1-9 表示经典模型预测控制框图。MPC 的基本思路为,通过搭建系统数学模型来求解变量在未来时刻的变化,利用代价函数来实现控制器对于控制量的约束,最后通过代价函数寻优寻得最优控制行为。

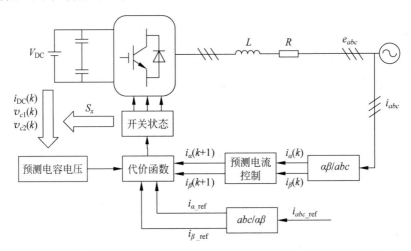

图 1-9　经典模型预测控制框图

表 1-1 比较了几种不同的逆变器控制策略的优缺点。可以看出,相比于其他控制策略,模型预测控制策略具有约束条件处理简单,能够实现对于死区时间的补偿,可顺利地在多变量系统上应用以及可针对具体的应用领域修改、扩展等优点[64-67]。目前,模型预测控制技术已经被广泛应用于电机控制、并网型逆变器、离网型逆变器以及高压直流输电系统等多个领域中[68-71]。结合以上比较,本书采用模型预测控制对逆变器进行控制。

表 1-1　不同控制策略的优缺点比较

控制策略	优　点	缺　点
PI 控制	物理意义清晰,结构简单	对交流信号无法实现准确跟踪,响应速度慢、参数影响大
PR 控制	只需在 $\alpha\beta$ 坐标系下进行控制,易实现无误差调节和低次谐波补偿	对器件参数精度和数字系统精度要求高,只对固定频率有效

续表

控 制 策 略	优 点	缺 点
模型预测控制	控制灵活,无需 PWM 调制器,具有较好的动稳态性能[65]	逆变器开关频率不固定[66]

1.4 轨道交通电能质量问题及其研究现状

随着轨道交通网络全面采用交直交牵引技术,以及电网的快速发展,轨道交通电能质量得到根本性的改善,主要干线铁路的电压偏差、谐波电压、负序、功率因数指标大幅好转,大部分牵引变电所都达到相关标准的要求。同时,由于还有部分边远地区铁路使用既有的直流牵引机车,以及新技术、新设备的运用,电能质量还存在如下问题,即轨道交通网络的电能质量将同时受到外部配电网和内部运行特性的影响。

公共连接点(point of common coupling,PCC)处的电压暂降/骤升、三相不平衡和电压谐波是外部配电网对轨道交通电能质量的主要影响。由于线路阻抗的存在,在切入和切除大容量单相/三相负载时,配电网电压将发生改变。当切入三相不平衡或非线性负载时,配电网电压将会三相不平衡或含有谐波。如果轨道交通系统处于并网运行状态,那么将由外部配电网提供它稳定运行所需的电压和频率参考。外部配电网的电压问题会通过 PCC 传输至轨道交通,这会影响轨道交通母线电压质量和轨道交通的正常运行。外部配电网电压暂降/骤升问题会影响轨道交通网络中 PQ 控制和下垂控制(droop control)效果,导致轨道交通中电压波动和功率振荡,这将在严重的情况下引起电压保护动作,导致分布式电源断开。配电网中的大量单相/三相负载将导致 PCC 处电压处于三相不平衡状态,同时影响三相电力电子设备和电动机的正常运行。由于非线性负载的存在,外部配电网含有较多的谐波,这加剧了轨道交通的谐波污染,而且还与轨道交通中的各种电力电子设备相互作用从而引起谐波共振。因此,由于外部配电网的电能质量问题会通过 PCC 传递到轨道交通内部,如果不采取一定的措施,则合进一步对轨道交通电能质量造成影响,轨道交通将频繁地切换到孤岛运行模式,同时失去外部配电网的频率和电压支持,从而降低了轨道交通运行的可靠性。

轨道交通内部电能质量问题可分为 4 个方面:

(1)电压波动和闪变:可再生能源的启动和关闭会受到环境和当地供电用户等因素的干扰。由于可再生能源的出力具有随机性和间歇性的特点,导致功率输出不规律和突然的功率变化,以上所提问题的出现都会对轨道交通的电能质量产生重大影响。通常,如果将分布式电源接入不当的位置以及采取不合适的控制策略,都会导致轨道交通网络中电压波动和闪变。

(2)谐波和直流注入:除电压与频率波动外,谐波是对电网的第三大危害。大多数分布式电源使用电力电子功率变流器来连接轨道交通系统,如果切换设备次数过多,会导致轨道交通中电压和电流发生畸变现象。产生非线性负荷的设备称为谐波源,非线性负荷也是轨道交通谐波的另一个主要来源。

(3)继电保护整定困难:分布式电源必须与轨道交通中的原始继电保护装置配合,故障出现的时候,需要立刻将轨道交通与分布式电源的联系隔断,否则将会造成重合闸操作失败。微电网在不同点功率注入会减小继电保护的范围,如果继电器没有方向灵敏度,从微电网注入电流就会导致线路继电器故障。

(4)短路电流增大:当轨道交通连接上大电网时,如果大电网发生故障导致供电困难时,这时轨道交通系统会向大电网注入大电流来维持稳定,但这样将会造成短路电流比之前变大许多倍,如果不能解决这个问题,严重的话将会造成整个系统崩溃。如果发生接地故障,接地电流会过高从而导致大地电位升高,并会影响通信设备的正常运行。

随着单相/不平衡负载、非线性负载以及分布式电源接入轨道交通中,当前涌现出了许多轨道交通电能质量问题。通常,这些问题是电压变化、谐波畸变、电压/电流不平衡等。为了改善这些电能质量问题,需要进行轨道交通电能质量治理,一般从以下两个方面着手:一方面是通过采用电能质量治理装置来对轨道交通系统的电能质量进行被动治理,比如采用动态电压恢复器、有源电力滤波器、静止无功发生器、配电网静止同步补偿器、统一电能质量调节器等装置来改善电网的电能质量;另一方面是从轨道交通中分布式电源出发,通过采取一定的控制策略对轨道交通系统的电能质量进行主动治理。当今国内外对于微电网电能质量的研究对轨道交通电能质量的改善具有很大的参考价值。

(1)微电网电能质量被动治理措施研究现状。文献[72]设计了基于光蓄发电的动态电压恢复器来改善微电网电能质量,它的工作原理是,提供一个与主电路串联的可控电压,以保持负载电压的期望幅值和相位角。采用微电网中的储能系统作为动态电压恢复器的储能单元,这种运行方式可以有效消除电压跌落或闪变等情况,提高微电网的电能质量。文献[73]设计了一种新型的背靠背变流器,该装置的作用是解决配电网电压不平衡而引起的微电网中电压不平衡问题。文献[74]提出了一种基于直流有源滤波器(DC active power filter,DC-APF)来抑制直流母线电压纹波的方案,该方案在交直流混合微电网中得到了很好的验证,该方案能够提高系统的供电可靠性。文献[75]提出了一种太阳能光伏发电分布式静态补偿器(PV-DSTATCOM)并网系统的控制方法,通过向电网和所连接的负荷供电来改善微电网电能质量,并且在不同天气条件下,依然能够保证优质的供电质量。文献[76]设计了一种微电网和SVG(static var generator,静止无功发生器)组成的无功电压控制系统,该系统能够快速调整无功电压,抑制微电网母线电压波动,提高微电网电能质量。文献[77]介绍了一种三相单级太阳能光伏集成统一电能质量调节器(PV-UPQC)的设计与性能分析。并联变流器除了补偿负载电流谐波外,还具有从光伏阵列中提取功率的双重功能。串联变流器对电压暂降/骤升等电能质量问题进行补偿。文献[78]设计了一种新型的微电网统一电能质量调节器,它由超级电容器储能系统(supercapacitor energy storage system,SESS)、光伏阵列、DC/DC变流器、并联逆变器组成,它能充分利用光伏电池发出的能量,对微电网的各种电能质量问题进行处理。

(2)电能质量主动治理措施研究现状。为了抑制微电网系统中谐波和无功电流等问题,文献[79]提出了一种有效的利用多功能并网逆变器(multi-functional grid-tied inverter,MFGTI)协调控制方案,通过实验验证了所提控制策略在治理微电网电能质量问题方面的有效性和正确性。文献[80]提出将分布式发电系统与UPQC相结合,将孤岛检测技术和重连技术(IR)作为二次控制技术引入UPQC,这种结构称为UPQCμg-IR,这种技术可以抑制微电网中电压和电流的干扰。为了解决微电网中光伏发电引起的功率不平衡问题,文献

[81]提出了一种基于两级斜坡限制最优调度的光伏微电网控制策略,通过该控制策略可以有效地找到常规发电蓄能系统的最优运行方案。当微电网处在孤岛运行模式下,微电网中的电能质量将会随着感应电动机的启动和功率变化发生改变,为了改善这一情况,文献[82]提出一种改进的自适应暂态下垂控制与PQ控制相结合的协调控制策略,来实现微电网内部的功率平衡。为了改善传统的孤岛检测存在的可靠性较差、实时性不好等问题,文献[83]将混沌理论应用于并网模式与孤岛模式转换的过程中,对电网电压进行分析和相空间重构,从而提高了被动孤岛检测的实时性与准确性。文献[84]以基于下垂控制并联电压源逆变器构成的微电网系统为研究对象,针对并网谐波电流过高的问题,提出了一种能够成功降低微电网中并网电流总谐波畸变率(total harmonic distortion,THD)的控制策略,该控制策略同时能够提高微电网电能质量和电压源逆变器对电压/电流补偿量的追踪能力。

参考文献

[1] 孙宁,李照星,杨润栋,等.城市轨道交通车辆应用技术[M].北京:中国铁道出版社,2014.

[2] 中国城市轨道交通协会.城市轨道交通2018年度统计和分析报告[J].城市轨道交通,2019(4):16-34.

[3] 罗晓,江家骅.城市轨道交通规划环境影响评价[M].北京:中国环境科学出版社,2008.

[4] 钟庆昌,霍尔尼克.新能源接入智能电网的逆变控制关键技术[M].北京:机械工业出版社,2016.

[5] LAI J,LU X,WANG F,et al. Broadcast gossip algorithms for distributed peer-to-peer control in AC microgrids[J]. IEEE Transactions on Industry Applications,2019,55(3):2241-2251.

[6] NEJABATKHAH F,LI Y,TIAN H. Power quality control of smart hybrid AC/DC microgrids:an overview[J]. IEEE Access,2019,7:52295-52318.

[7] 汤广福.基于电压源换流器的高压直流输电技术[M].北京:中国电力出版社,2009.

[8] 李庚银,吕鹏飞,李广凯,等.轻型高压直流输电技术的发展与展望[J].电力系统自动化,2007,27(4):77-81.

[9] BAHRMAN M P,JOHNSON B K. The ABCs of HVDC transmission technologies:an overview of high voltage direct current systems and applications[J]. IEEE Power& Energy Magazine,2007(3)/(4):32-44.

[10] LU W X,OOI B T. Optimal acquisition and aggregation of offshore wind power by multiterminal voltage-source HVDC[J]. IEEE Transaction on Power Delivery,2003,18(1):201-206.

[11] 徐政,陈海荣.电压源换流器型直流输电技术综述[J].高电压技术,2007,33(1):1-10.

[12] HERTEM D V,GHANDHARI M. Multi-terminal VSC HVDC for the European super grid:obstacles[J]. Renewable and Sustainable Energy Reviews,2010,14(9):3156-3163.

[13] 殷自力,梁海峰,李庚银,等.基于模糊自适应PI控制的柔性直流输电系统实验研究[J].电力自动化设备,2008(7):49-53.

[14] 胡东良.基于VSC-HVDC风电场联网及其对HVDC稳定性研究[D].保定:华北电力大学,2008.

[15] LIANG J,GOMIS-BELLMUNT O,EKANAYAKE J,et al. Control of multi-terminal VSC-HVDC transmission for offshore wind power[C]. Proceedings of the 44th International Universities Power Engineering Conference(UPEC),September 1-4,2009:1-5.

[16] UZUKA T,IKEDO S,UEDA K,et al. Voltage fluctuation compensator for Shinkansen[J]. Electrical Engineering in Japan,2010,162(4):25-34.

[17] 李群湛.论新一代牵引供电系统及其关键技术[J].西南交通大学学报,2014,49(4):559-568.

[18] 李群湛,贺建闽.牵引供电系统分析[M].3版.成都:西南交通大学出版社,2012.

[19] 钱洁.电力电缆电气参数及电气特性研究[D].杭州：浙江大学,2013.

[20] 刘卓辉.铁路贯通电缆容性参数及仿真的研究[J].电气化铁道,2009(2)：5-9.

[21] 王辉.电气化铁路长距离供电技术方案研究[D].成都：西南交通大学,2017.

[22] 蓝波.电气化铁路新型电缆牵引供电技术方案研究[D].成都：西南交通大学,2015.

[23] 郭鑫鑫.电气化铁路电缆牵引网研究[D].成都：西南交通大学,2016.

[24] 周强.电气化铁路新型电缆供电技术经济性研究[D].成都：西南交通大学,2015.

[25] 王琦,解绍锋,冯金博,等.电气化铁道牵引供电系统电压水平评估[J].电力系统及其自动化学报,2014,28(1)：53-56.

[26] 解绍锋.牵引供电系统电压损失计算方法探讨[J].电气化铁道,2011,22(6)：1-3.

[27] 李乾.市域轨道交通牵引供电制式选择的若干问题研究[D].成都：西南交通大学,2015.

[28] 李群湛.城市轨道交通交流牵引供电系统及其关键技术[J].西南交通大学学报,2015,50(2)：199-207.

[29] 李玉光.城市轨道交通交流供电方案探讨[D].成都：西南交通大学,2017.

[30] 李群湛.论干线铁路与城市轨道统一牵引供电方式[J].中国科学：技术科学,2018,48(11)：1179-1189.

[31] 李群湛.论新一代牵引供电系统及其关键技术[J].西南交通大学学报,2014,49(4)：559-568.

[32] MASATO A, YASUJI H, YOSHINOBU K. Development of power feeding transformer for Shinkansen suitable for extra high voltage substation[J]. Railway General Technical Journal,2002,16(6)：11-14.

[33] HORIGUCHI A, MORIMOTO H, SUZUKI A. New type feeding transformer for AC traction[C]. In Proceedings of the 8th World Congress on Railway Research(WCRR 2008),May 18-22,2008.

[34] MORIMOTO H, ANDO M, MOCHINAGA Y, et al. Development of railway static power conditioner used at substation for Shinkansen[C]. Proceedings of Power Conversion Conference(PCC),April 02-05, 2002. IEEE,2002.

[35] WREDE H, UMBRICHT N. Development of a 413 MW railway power supply converter[C]. Proceedings of the 35th Annual Conference of IEEE-Industrial-Electronics-Society,November 03-05,2009. IEEE,2009.

[36] 门汉文.德国统一后的电气化铁路概况[J].电气化铁道,1997(1)：1-7.

[37] SHU Z,XIE S,LU K,et al. Digital detection,control,and distribution system for co-phase traction power supply application[J]. IEEE Transactions on Industrial Electronics,2013,60(5)：1831-1839.

[38] SHU Z,XIE S,LI Q. Single-phase back-to-back converter for active power balancing,reactive power compensation,and harmonic filtering in traction power system[J]. IEEE Transactions on Power Electronics,2011,26(2)：334-343.

[39] 陈民武,罗杰,解绍锋.Vx接线组合式同相供电系统建模与分析[J].西南交通大学学报,2016,51(5)：886-893.

[40] 陈民武,宋雅琳,刘琛,等.同相供电系统潮流控制器可靠性建模与冗余分析[J].电网技术,2017,41(12)：4022-4029.

[41] HUANG X,LI Q. Hybrid integrated power flow controller for cophase traction power systems in electrified railway[C].Proceedings of the 2015 International Conference on Electrical and Information Technologies for Rail Transportation. Berlin,Springer,2016.

[42] 张丽艳,李群湛,易东.同相供电系统同相供电装置容量的优化配置[J].电力系统自动化,2013,37(8)：59-64.

[43] 汪飞.可再生能源并网逆变器的研究[D].杭州：浙江大学,2005.

[44] 曾正,赵荣祥,汤胜清,等.可再生能源分散接入用先进并网逆变器研究综述[J].中国电机工程学报,2013,33(24)：1-12.

[45]　张迪,苗世洪,赵健,等.分布式发电市场化环境下扶贫光伏布点定容双层优化模型研究[J].电工技术学报,2019,34(10):19-30.

[46]　张雪妍,马伟明,付立军,等.基于模式切换的逆变器与发电机并联控制策略[J].电工技术学报,2017,32(18):220-229.

[47]　张东.电网电压不平衡条件下并网逆变器控制策略研究[D].哈尔滨:哈尔滨工程大学,2015.

[48]　郭磊,王丹,刁亮,等.针对电网不平衡与谐波的锁相环改进设计[J].电工技术学报,2018,33(6):1390-1399.

[49]　郭小强,刘文钊,王宝诚,等.光伏并网逆变器不平衡故障穿越限流控制策略[J].中国电机工程学报,2015,35(20):5155-5162.

[50]　顾浩瀚,蔡旭,李征.基于改进型电网电压前馈的光伏电站低电压穿越控制策略[J].电力自动化设备,2017,44(7):13-19,31.

[51]　韩海娟,牟龙华,张凡,等.考虑IIDG低电压穿越时的微电网保护[J].中国电机工程学报,2017,37(1):124-134.

[52]　沈虹,周文飞,王怀宝,等.基于无功电流控制的并网逆变器孤岛检测[J].电工技术学报,2017,32(16):294-300.

[53]　潘国清,曾德辉,王钢,等.含PQ控制逆变型分布式电源的配电网故障分析方法[J].中国电机工程学报,2014,34(4):555-561.

[54]　姜惠兰,李天鹏,吴玉璋.双馈风力发电机的综合低电压穿越策略[J].高电压技术,2017,43(6):324-330.

[55]　刘璐,耿华,马少康,等.低电压穿越过程中DFIG型风电场同步稳定及无功电流控制方法[J].中国电机工程学报,2017,37(15):4399-4407.

[56]　马临超,蒋炜华,薛宝星.NPC型三电平永磁同步风力发电并网逆变器模型预测控制满足低电压穿越要求研究[J].电力系统保护与控制,2017,44(16):151-156.

[57]　杭丽君,李宾,黄龙,等.一种可再生能源并网逆变器的多谐振PR电流控制技术[J].中国电机工程学报,2012,32(12):51-58.

[58]　胡巨,赵兵,王俊,等.三相光伏并网逆变器准比例谐振控制器设计[J].可再生能源,2014,32(2):152-157.

[59]　张海洋,许海平,方程,等.基于比例积分-准谐振控制器的直驱式永磁同步电机转矩脉动抑制方法[J].电工技术学报,2017,32(19):41-51.

[60]　RODRIGUEZ J,CORTES P.Predictive control of a three-phase inverter[J].IEEE Transactions on Industrial Electronics,2004,40(9):561-563.

[61]　KOURO S,CORTES P,VARGAS R,et al.Model predictive control——A simple and powerful method to control power converters[J].IEEE Transactions on Industrial Electronics,2009,56(6):1826-1838.

[62]　沈坤,章兢,王玲,等.三相电压型逆变器模型预测控制[J].电工技术学报,2013,28(12):283-289.

[63]　徐艳平,张保程,周钦.永磁同步电机双矢量模型预测电流控制[J].电工技术学报,2017,32(20):222-230.

[64]　汪杨俊.模型预测控制在大功率低开关频率并网逆变器中的应用[D].合肥:合肥工业大学,2015.

[65]　公铮,伍小杰,戴鹏.模块化多电平换流器的快速电压模型预测控制策略[J].电力系统自动化,2017,41(1):122-127.

[66]　张虎,张永昌,杨达维.基于双矢量模型预测直接功率控制的双馈电机并网及发电[J].电工技术学报,2016,31(5):69-76.

[67]　RODRIGUEZ J,PONTT J,SILVA C A,et al.Predictive current control of a voltage source inverter[J].IEEE Transactions on Industrial Electronics,2007,54(1):495-503.

[68]　侯庆庆.基于MPC的三相离网逆变器控制方法的研究[D].合肥:安徽大学,2016.

［69］ 蔡儒军.三相四桥臂有源电力滤波器控制策略研究［D］.徐州：中国矿业大学,2016.

［70］ 柳志飞,杜贵平,杜发达.有限集模型预测控制在电力电子系统中的研究现状和发展趋势［J］.电工技术学报,2017,32(22)：58-69.

［71］ 陆治国,王友,廖一茜.基于光伏并网逆变器的一种矢量角补偿法有限控制集模型预测控制研究［J］.电网技术,2018,42(2)：548-554.

［72］ 成瑞芬,韩肖清,王鹏,等.微电网动态电压恢复器运行模式研究［J］.电网技术,2013,37(3)：610-615.

［73］ 王强钢,周念成,颜伟,等.采用背靠背变流器接入配电网改善低压微网电压质量的控制设计［J］.电工技术学报,2013,28(4)：171-181.

［74］ 郭振,乐全明,郭力,等.交直流混合微电网中直流母线电压纹波抑制方法［J］.电网技术,2017,41(9)：168-176.

［75］ SINGH B,KANDPAL M,HUSSAIN I. Control of grid tied smart PV-DSTATCOM system using an adaptive technique［J］. IEEE Transactions on Smart Grid,2018,9(5)：3986-3993.

［76］ 易桂平.微网环境下多源并网运行及复合控制研究［D］.南京：东南大学,2015.

［77］ DEVASSY S,SINGH B. Design and performance analysis of three-phase solar PV integrated UPQC［J］. IEEE Transactions on Industry Applications,2018,54(1)：73-81.

［78］ 蒋玮,陈武,胡仁杰.基于超级电容器储能的微网统一电能质量调节器［J］.电力自动化设备,2014,34(1)：85-90.

［79］ 曾正,邵伟华,赵伟芳,等.多功能并网逆变器与并网微电网电能质量的分摊控制［J］.中国电机工程学报,2015,35(19)：4947-4955.

［80］ KHADEM S K,BASU M,CONLON M F. Intelligent islanding and seamless reconnection technique for microgrid with UPQC［J］. IEEE Journal of Emerging and Selected Topics in Power Electronics,2015,3(2)：483-492.

［81］ ZHAO J,XU Z. Ramp-limited optimal dispatch strategy for PV-embedded microgrid［J］. IEEE Transactions on Power Systems,2017,32(5)：4155-4157.

［82］ 朱鑫,刘俊勇,刘洋,等.基于滑模变结构的含不平衡负荷微电网控制策略研究［J］.电力系统保护与控制,2015,43(6)：25-32.

［83］ 戈阳阳,马少华,李洋,等.基于混沌特性的微电网孤岛检测技术［J］.电网技术,2016,40(11)：3453-3458.

［84］ 冯伟,孙凯,关雅娟,等.基于分层控制的微电网并网谐波电流主动抑制控制策略［J］.电工技术学报,2018,33(6)：1400-1409.

第2章

基于能量路由器的轨道交通柔性供电系统

2.1 基于能量路由器的轨道交通供电系统架构

随着电力改革与市场化的推进,未来电能的交易必将趋于更加自由和灵活,新能源发电渗入配电端,电能从单向流动变为多向流动,而传统的电力系统和电力设备往往被动地调节功率平衡,对功率流的主动控制与分配较为困难,无法满足供电形式多样性、能量多向流动以及功率流的主动调控等要求,无法满足未来电力市场化的需要。

因此有必要使城市轨道交通供电网实现新能源接入、能量多向流动、能量快速重新平衡分配等功能,从而进一步提高轨道交通能源利用率,减少能量损耗,提高运行效率及经济效益。基于电力电子变换技术的能量路由器(energy route,ER)作为实现能源互联网的关键部件之一,可整合多种分布式电源及储能单元,使其与轨道交通供电网络配合向负载供电,这是实现电能多向控制、新能源从单一集中式向分布式控制发展以及轨道交通多类负载接入的有效方案。

能量路由器作为轨道交通中分布式电源、无功补偿设备、储能设备、负荷等的智能接口,应该在保证电能质量的前提下,灵活地管理区域电网内部及整个轨道交通供电网络中的动态电能。对电能路由器的基本要求主要有[1]:①接口的即插即用;②能够实现电压变换、电气隔离、能量流向可控、提升电能质量;③能够根据故障情况或系统需要,自主地与主网分离和并网,提高电网的自愈性;④实时通信技术;⑤用户电能消耗查询技术。

在 2001 年,美国电力科学研究院就对电网中互联系统的问题进行了相关研究,提出未来电网产业的发展将与计算机产业相似,并在 2008 年开始了"智能通用变压器"(intelligent universal transformer,IUT)的研发。图 2-1 为 IUT 的结构[2],其功能主要为代替传统变压器,采用级联 H 桥结构,DC/DC 级用串联谐振变换器降压,直流侧采用 SiC 二极管整流桥连接 400 V 低压直流母线,最后采用全桥逆变连接交流低压母线。该变压器采用超级门极可关断晶闸管(super gate turn-off thyristor,SGTO)[3],单模块的功率最高可至 25 kV·A,最高开关频率可以达 50 kHz。该变压器在传统变压器功能的基础上,提供了交直流端口,相比于传统变压器,容量也有所上升,缺点是,由于主要采用二极管整流,功率无法实现双向传递,从而限制了其灵活性。

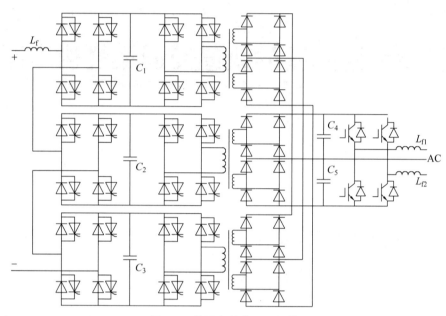

图 2-1 美国电科院 IUT 拓扑

未来可再生电能传输与管理(the future renewable electric energy delivery and management,FREEDM)为美国国家科学基金项目,其根据网络技术中的核心路由器提出了“能量路由器”的概念。图 2-2 中的固态变压器为 FREEDM 的核心部件[4]。输入端为 7.2 kV 的单相交流电,与配电网相连。输出端为两个端口,分别为 400 V 直流电和单相 240 V/120 V 交流电。与配网连接的高压侧,由级联全桥拓扑组成,采用了 6.5 kV 的 Si IGBT。中间隔离单元为起到降压作用的 DC 变换单元,将 3.8 kV 的高压直流转换为 400 V 的低压直流。低压侧为逆变级,将直流电流转换为 240 V 或 120 V 的低压交流电。但是器件的限制导致了各个级的开关频率不够高(整流单元 1080 Hz,DC 变换级 3.6 kHz,逆变级 10.8 kHz),使得整个系统体积和重量巨大,噪声过高,并且严重限制了动态性能,难以实际应用。

在 2008 年,德国研究人员提出了 E-Energy 理念和能源互联网计划,并进行了投资和项目实施。瑞士苏黎世联邦理工学院(ETH Zurich)设计了适用于智能微电网的 1 MV·A 固态变压器。设计大容量固态变压器的目的是满足电能路由器适用于主干电路的要求。其架构和功能与 FREEDM 中的固态变压器类似,输入端连接配电网,输出端为三相交流 400 V。其优点是:提高了开关频率,达到 20 kHz;由于整流级和 DC 变换级都采用了二极管箝拉三电平结构,提高了输入端的耐压水平,减小了变压器体积。该固态变压器模块拓扑如图 2-3 所示[5]。

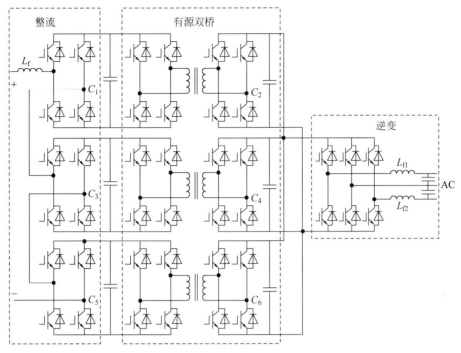

图 2-2　基于 6.5 kV Si IGBT 的固态变压器

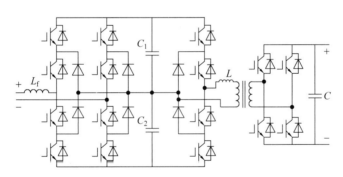

图 2-3　瑞士 ETH Zurich 研发的固态变压器模块拓扑

　　图 2-4 为背靠背多电平变换器单相结构,应用于欧洲 UNIFLEX-PM 系统[6-7],由英国诺丁汉大学(University of Nottingham)和意大利罗马第二大学(University of Rome Tor Vergata)联合研发。其高压输入端为 3.3 kV 交流,输出端为 3.3 kV 交流和 415 V 交流,开

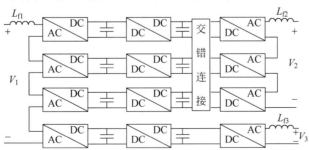

图 2-4　UNIFLEX-PM 项目的多电平变流器单相拓扑

关频率为 2 kHz。为了实现三相能量均衡,使输出逆变级与中间级交错相连,其输出端提供了中压交流接口和低压交流接口。该系统可以实现能量的双向流动,并可以对电能质量进行调节。缺点是该系统没有低压直流母线接口,不能充分利用分布式能源和储能。

ETH Zurich 为智能电网设计了 1 MV·A 的固态变压器,该系统的开关频率提高到 20 kHz,模块的整流级和 DC/DC 级均采用二极管箝位三电平结构,提高了模块输入侧的耐压值,减少了模块数[8]。

目前典型的能量路由器的应用拓扑结构主要分为三种[9]:交流母线电能路由器、直流母线电能路由器、混合交直流母线电能路由器。

2.2　轨道交通能量路由器工作模式分析

ER 内部包含多个/多种变换器以满足多种能源的转换及交直流负荷接入等需求。ER 各变换器通过某一固定电压的公共直流母线连接是更合适的选择[10]。电压的稳定说明功率处于平衡状态。双直流母线架构能量路由器需要保证高压直流母线和低压直流母线电压值的稳定,从而保证高低压系统即整个系统的稳定。由以上分析可知,列车起停或者光伏发电等原因会导致接触网电压大幅波动。而牵引网与城市电网之间电能为单向流动,且牵引所无法实时调节潮流。牵引供电系统是现在较为成熟的系统,在短时间内由于经济性、可靠性等原因暂时无法被替代。

增加 35 kV 交流并网端口,高压直流母线利用电压源变换器(voltage source converter, VSC)与电网交互稳定 HVDC 系统。高压直流系统的功率平衡式如下式所示:

$$(P_{\text{VSC}} \times S + P_{\text{DABp}} + P_{\text{24pulse}} + P_{\text{sub}})\Delta t = 0 \tag{2-1}$$

其中,S 为 VSC 开断的二值逻辑函数:

$$S = \begin{cases} 1, & |\Delta V_{\text{H}}| > V_{\text{H}}^* \\ 0, & |\Delta V_{\text{H}}| < V_{\text{H}}^* \end{cases}, \quad \Delta V_{\text{H}} = V_{\text{H}} - 1600 \tag{2-2}$$

式中,P_{VSC} 为 35 kV 环网与高压直流母线的交互能量;P_{DABp} 为双有源桥(dual active bridge,DAB)原边与高压直流母线的交互能量;P_{24pulse} 为牵引所的输出功率;P_{sub} 为列车牵引功率;V_{H} 为高压直流母线某时刻电压;V_{H}^* 为设定的接触网的电压波动范围的阈值。

当接触网电压波动高于阈值时,S 等于 1,VSC 接入;当接触网电压波动低于阈值时,S 等于 0,VSC 断开。本章依据 VSC 的接入与否将融合了 ER 的牵引供电系统基本运行模式分为双流模式和单流模式。

光伏和负载的双重波动性导致二者的功率无法实时匹配,且由于母线电容和储能的充放电电流大小的限制,充放电功率只能运行在某一范围内,此时系统内部存在功率不平衡波动,以 P_{non} 表示。系统实时功率平衡式如下式所示:

$$P_{\text{PV}}\Delta t = P_{\text{non}}\Delta t + P_{\text{load}}\Delta t \tag{2-3}$$

$$P_{\text{non}}\Delta t = \frac{1}{2}C_{\text{L}}V_{\text{L1}}^2 - \frac{1}{2}C_{\text{L}}V_{\text{L2}}^2 \tag{2-4}$$

$$\Delta t = t_2 - t_1 \tag{2-5}$$

其中,P_{PV} 为光伏发电系统的最大输出功率;P_{load} 为交流负载功率;C_{L} 为低压直流母线电容；V_{L1} 和 V_{L2} 分别为低压直流母线在 t_1 和 t_2 时刻的电压值。

由式(2-3)、式(2-4)可以得到

$$(\Delta P_L)\Delta t = (P_{PV} - P_{load})\Delta t = \frac{1}{2}C_L V_{L1}^2 - \frac{1}{2}C_L V_{L2}^2 \tag{2-6}$$

由式(2-6)可知：当 $\Delta P_L > 0$ 时，$V_{L2} > V_{L1}$，低压母线电压开始上升，储能装置处于充电状态，若蓄电池的荷电状态(state of charge, SOC)超出设定范围 0.9，储能不工作，DAB 工作；当 $\Delta P_L = 0$ 时，$V_{L2} = V_{L1}$，低压母线电压保持不变，二者都不工作；当 $\Delta P_L < 0$ 时，$V_{L2} < V_{L1}$，低压母线电压开始下降，储能装置处于放电状态，若蓄电池的荷电状态 SOC 低于设定范围 0.2，同样储能不工作，DAB 工作。DAB 和储能作为调节端口，在发电和用电两种角色之间来回切换，DAB 和储能总体协调控制策略框图如图 2-5 所示。

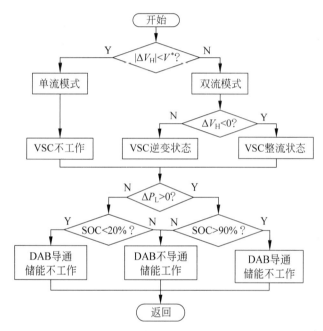

图 2-5　DAB 和储能总体协调控制策略框图

2.3　能量路由器的源端口及交直流负荷端口变换器设计

1. 高压侧电压源换流器 VSC 的控制策略

基于直流电压稳定的电压电流双闭环 PI 控制策略，根据 VSC 拓扑建立 VSC 在三相静止坐标系下的数学模型，如下式所示：

$$\begin{cases} L\dfrac{\mathrm{d}i_a}{\mathrm{d}t} = u_{sa} - Ri_a - e_a \\[2mm] L\dfrac{\mathrm{d}i_b}{\mathrm{d}t} = u_{sb} - Ri_b - e_b \\[2mm] L\dfrac{\mathrm{d}i_c}{\mathrm{d}t} = u_{sc} - Ri_c - e_c \end{cases} \tag{2-7}$$

将式(2-7)转换为 dq 坐标系下的数学模型,如下式所示:

$$\begin{cases} L\dfrac{\mathrm{d}i_d}{\mathrm{d}t}=u_{sd}-Ri_d+\omega Li_q-e_d \\ L\dfrac{\mathrm{d}i_q}{\mathrm{d}t}=u_{sq}-Ri_b-\omega Li_d-e_q \end{cases} \tag{2-8}$$

其中,u_{sd}、u_{sq} 分别表示电网基波电压的 d 轴和 q 轴分量;e_d、e_q、i_d、i_q 分别表示 VSC 交流侧基波电压、电流的 d 轴和 q 轴分量;L 表示交流侧输入滤波电感;R 表示交流侧输入线路的等效电阻。

由式(2-8)可见,电压源换流器电流的 d 轴、q 轴分量相互耦合,导致控制器的设计复杂化。因此本书采用一种前馈解耦控制策略,利用 PI 控制器来实现解耦,得出下式:

$$\begin{cases} e_d=u_{sd}-Ri_d+\omega Li_q-(i_d^{*}-i_d)\left(K_{sip}+\dfrac{K_{sii}}{s}\right) \\ e_q=u_{sq}-Ri_q-\omega Li_q-(i_q^{*}-i_q)\left(K_{sip}+\dfrac{K_{sii}}{s}\right) \end{cases} \tag{2-9}$$

式中,K_{sip},K_{sii} 分别为电流 PI 控制器的比例调节系数和积分调节系数。根据式(2-9)得出高压侧电压源换流器 VSC 双环解耦控制关系图,如图 2-6 所示。

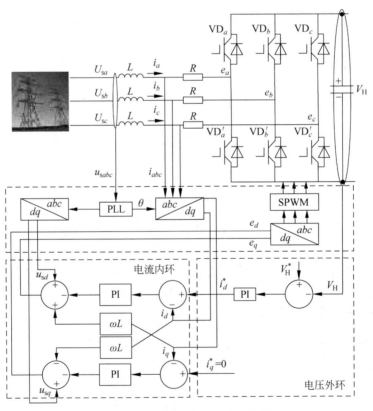

图 2-6　并网端口的 VSC 控制框图

负荷的变化导致直流母线电压变化,而电压变化表征高压直流母线吸收功率或输出功率。因此利用直流电压外环将高压直流母线的电压参考值 V_H 和实际值 V_H^{*} 进行比较后的偏差进行

PI 控制,得到电流参考值 i_d^*,将其作为 i_d 的指令值,同时令 i_q 的参考值 $i_q^* = 0$(无无功输出);交流电流内环网侧三相交流电压电流采样后经过变换得到各自 d 轴、q 轴分量,i_d、i_q 分别与各自参考值的偏差经过 PI 控制后与 u_{sd}、u_{sq} 及交叉反馈电流信号叠加得到 e_d、e_q。最后将所得结果进行正弦脉宽调制(sinusoidal pulse width modulation,SPWM)变换,产生开关控制信号。

2. 储能系统控制策略

当母线电压由于发电系统的发电量与用户的用电量不匹配而升高或降低时,蓄电池开始充放电来进行调节,双向 DC/DC 变换器的输入/输出电压关系满足下式:

$$V_{\mathrm{L}} = \frac{U_b}{1 - D_1}(\mathrm{Boost}) \tag{2-10}$$

$$U_b = D_2 V_{\mathrm{L}}(\mathrm{Buck}) \tag{2-11}$$

式中,D_1 表示该变换器在 Boost 模式下开关管 S_2 的占空比;D_2 表示在 Buck 模式下开关管 S_1 的占空比。

本节采用基于恒压的电压电流双闭环控制方法。内环为电流负反馈环,外环为低压直流电压负反馈环。对储能低压直流母线电压给定值 V_{L}^* 与检测到的母线电压 V_{L} 的差值进行 PI 控制,将得出的结果作为电流环的参考值 I_{B}^*,将输出作为 Buck-Boost 变换器的控制信号,储能系统控制框图如图 2-7 所示。

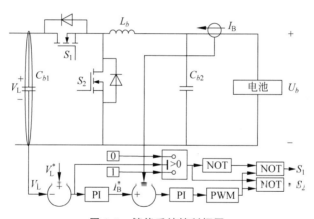

图 2-7　储能系统控制框图

光伏发电的输出受太阳辐射量、控制方式、温度等因素影响。为了实现光伏利用率最大,实现最大经济效益,在研究中通常采用扰动观察法去实现最大功率点跟踪(maximum power point tracking,MPPT)控制,使光伏输出工作在最大功率点附近。

3. 高频隔离双向 DC-DC 变换器控制策略

DAB 变换器常采用移相的控制方式,单移相控制能较好地控制移相角的自由度,进而实现对传输功率的灵活控制。常采用单移相控制,同时作为低压系统的二次调整需要整合蓄电池荷电状态与 ΔP_{L} 来得到 DAB 的控制量,其控制框图如图 2-8 所示。将低压直流母线电压参考值 V_{L}^* 和采集到的电压 V_{L} 作比较,然后进行 PI 控制,得到两侧桥臂相角差 D_i。当满足蓄电池需要充电时其 SOC<0.9 或者蓄电池需要放电时其 SOC>0.2,控制器输出关断信号 0,否则输出 D_i,进而控制高频变压器两侧桥臂驱动信号的相角差来控制功率传输的方向及大小。

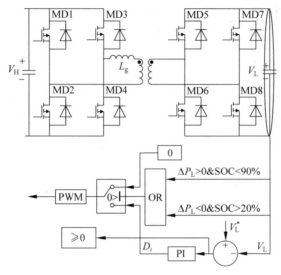

图 2-8   DAB 控制框图

4. 交流负载逆变器控制策略

为了保证无论端口内的负载如何变化,端口始终能够输出符合电能质量要求的电压,本书采用电压电流双闭环控制的逆变器拓扑结构。交流负载逆变器拓扑和控制关系如图 2-9 所示,其中 u_{2d}、u_{2q} 和 i_{2d}、i_{2q} 分别是逆变器交流侧基波电压、电流经 dq 解耦后的分量,u_{o2d}、u_{o2q} 和 i_{o2d}、i_{o2q} 分别是端口电压、电流的 dq 分量。

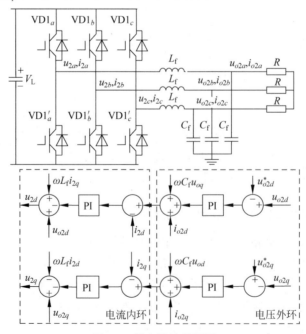

图 2-9   逆变器控制框图

由图 2-9 可得，解耦后的 u_{2d}、u_{2q}、i_{2d}、i_{2q} 为

$$\begin{cases} i_{2d} = (u^*_{o2d} - u_{o2d})\left(K_{up} + \dfrac{K_{ui}}{s}\right) + i_{o2d} + \omega C_f u_{o2q} \\[3mm] i_{2q} = (u^*_{o2q} - u_{o2q})\left(K_{up} + \dfrac{K_{ui}}{s}\right) + i_{o2q} + \omega C_f u_{o2d} \end{cases} \tag{2-12}$$

$$\begin{cases} u_{2d} = (i^*_{o2d} - i_{o2d})\left(K_{ip} + \dfrac{K_{ii}}{s}\right) + u_{o2d} - \omega L_f i_{2q} \\[3mm] u_{2q} = (i^*_{o2q} - i_{o2q})\left(K_{ip} + \dfrac{K_{ii}}{s}\right) + u_{o2q} - \omega L_f i_{2d} \end{cases} \tag{2-13}$$

其中，C_f 为三相输出滤波器的滤波电容；L_f 为三相输出滤波器的滤波电感；K_{up}、K_{ui} 和 K_{ip}、K_{ii} 分别为电压外环、电压内环 PI 控制器的比例调节系数和积分调节系数。在电压外环中将三相电压的实际有效值与参考值进行比较后产生误差信号，经过 PI 控制器调节得到瞬时有功电流和无功电流的参考值 i^*_{2d} 和 i^*_{2q}。在电流环中将 i^*_{2d} 和 i^*_{2q} 与反馈的相电流的瞬时值进行比较，再经过控制器调节，形成 SPWM 脉冲的参考波。

2.4　能量路由器的协调控制策略

传统电网的能量管理系统是通过采集实时电网信息并对采集的信息进行管理与控制的。能源互联网的能量管理系统除了具备以上基本功能，还需要包括可再生能源发电预测、实时功率平衡、最优功率分配和保障重要负荷的持续供电等功能，必须有对应的能量管理平台、能量管理控制策略、协同优化算法等的支持。能源互联网的能量管理包括两个层次[11]：第一层是能源局域网内部的能量调度与优化；第二层是分布式的能源局域网之间的能量管理与协同控制。

能量路由器作为构建能源互联网的关键装备，可实现以电能为核心的多能源互联、交直流灵活变换、能量的双向流动等功能，有效减小多能源分散接入电力系统带来的不利影响[12]，这将是未来智能配电装备的重要研究方向。

1. ER 各个端口之间的协调控制策略研究

能量路由器的控制方式分为集中式控制和分布式控制。集中式控制是当前研究相对成熟的控制方式，以 FREEDM 系统为例。FREEDM 系统包含 3 个主要环节[13]，分别是"即插即用"接口、能量路由器和基于开放的标准协议的操作系统，称为分布式电网智能（distributed grid intelligence，DGI）。在 FREEDM 系统中，DGI 相当于各能量路由器的"大脑"，对系统进行统一的管理与控制，根据当前的系统运行状态判断下一步的工作指令，并将指令传递给与该能量路由器相连的分布式电源、储能等设备，从而实现对系统内各能量路由器的协调控制。集中式控制能够有效地实现对功率潮流的分配与控制，但成本较高，且对于通信网络有很强的依赖性，一旦通信网络或 DGI 的任意环节发生故障或判断失误，都将影响整个系统的安全可靠运行。对于分布式控制，能量路由器类似于信息互联网中的信息路由器，始终由高压网侧变流器端作为系统的主电源，为低压直流母线供电，这种运行模式类似于微网的主从控制，高压网侧变流器端口相当于系统的主控制器，其余端口相当于从控制

器。分布式控制无法实现功率分配的统筹安排,这是分布式控制的固有缺点。采用集中式控制能够实现较好的协调控制,但同时对于通信带宽的要求会大大增加,在一定程度上降低了系统的可靠性。

控制策略是能量路由器研究中的重点,它对能量路由器和能源互联网的稳定运行起着重要的作用。文献[15]对固态变压器输入级和隔离级的控制策略进行了研究,其中在输入级采用基于单相 D-Q 的矢量控制,以确保输入电流的波形正常,在隔离级采用单移相调制方式,控制能量的流动方向。在此基础上,建立输入级和隔离级的小信号模型,并提出了输入级均压和隔离级均功率的控制策略。

文献[16]针对多端口双向能量路由器具有多个电力电子变换器的特点,采用分散自治的控制策略,即每个电力电子变换器都有自己的控制目标和相应的控制器。输入级电力电子变换器主要控制直流母线电压的稳定,包括直接电流解耦控制和直流稳压控制。输出级交、直流端口采取定电压控制,为能量路由器提供可靠的标准化接口。各端口控制器之间不需进行相互通信,各自分散控制,这提高了控制系统的可靠性。

文献[17]提出了一种基于电力电子变压器(power electronic transformer,PET)的能量路由器,并介绍了 PET 的控制策略。在输入级采用一种混合调制控制策略,该控制策略在PWM 调制的基础上,结合了最近电平逼近调制方法,能更好地配合中间级实现功率均衡和调控。在中间级则采用移相控制的方式,与输入级相互配合,实现了能量的均衡控制。

除此之外,由于能量路由器的容量有限,进行工况硬切换会造成母线电压突变,从而不满足可靠运行要求。因而有必要研究如何实现各工况的无缝切换,并能在需要时响应电网调度。文献[18]提出基于直流母线电压信号来实现工况切换,但要求较宽的母线电压工作区间以保证工况的可靠切换,且硬切换会造成电压较大波动[19]。文献[20]提出工况间的无缝切换,但只涉及并网与离网的切换,并不能使所有变换器都实现无缝切换。文献[21]提出基于事件响应的控制策略实现所有工况的切换,但这仍是一种硬切换,在切换瞬间会造成直流母线电压较大波动。文献[22-23]提出基于特定拓扑的能量路由器形式,各端口可以实现一定程度功率的协调分配,但是每个端口都必须实时参与功率交换,不适用于电动汽车等端口的负载需要切换的场合。文献[24]提出在能量路由器内始终用储能来控制直流母线电压,避免工况切换时稳压控制策略切换对电能质量造成不利影响,但储能容量必须足够大,才能维持工况切换时母线电压的较小波动。

2. 多个 ER 之间互联的协调控制策略研究

此外,ER 还应具备电网馈线间互联功能[25-26],在 ER 单端电网故障时,通过另一端口并网协调供电,实现潮流瞬时转供,体现其网间电能"路由"功能。ER 两端电网均故障时,通过自身储能维持自稳定运行,将有效保障重要负荷电力供应,提高供电连续性及可靠性。

文献[27-28]提出以 FREEDM 系统为原型的能源互联网结构,通过智能能量管理设备即 E-router 连接分布在能源互联网中的不同电压和容量等级的输配电母线,并利用通信网络协调管理所有 E-router。文献[29]阐述了能源互联网的应用框架模型,通过"区域自治,分层优化"的系统运行模式来管理主动配电网和微电网,并采用 E-router 对接入的可控能源进行就地控制和跨区优化,实现分布式/分层调控管理。文献[30-31]提出以柔性控制为基础的关键电气装备,即以 E-router 为核心的多层次能源互联网体系架构,并详细设计了

E-router 的系统结构。文献[32-33]清晰地介绍了现有 E-router 的拓扑结构、技术实现方式及其在能源互联网分层结构中的应用。这些研究重点多聚焦在能源互联网分层管理概念、体系架构或关键设备 E-router 上。

2.5 本章小结

随着电力改革与市场化的推进,未来电能的交易必将趋于更加自由和灵活,新能源发电渗入配电终端,电能的单向流动正变为多向流动,而传统的电力系统和电力设备往往被动地调节功率平衡,对功率流的主动控制与分配较为困难,无法满足供电形式多样性和能量多向流动以及功率流的主动调控等要求,无法满足未来电力市场化的需要。能量路由器作为轨道交通中分布式电源、无功补偿设备、储能设备、负荷等的智能接口,能够在保证电能质量的前提下,灵活地管理区域电网内部及整个轨道交通供电网络中的动态电能。

参考文献

[1] 赵争鸣,冯高辉,袁立强,等.电能路由器的发展及其关键技术[J].中国电机工程学报,2017,37(13):3823-3834.
[2] MAITRA A,SUNDARAM A,GANDHI M,et al. Intelligent universal transformer design and applications[C]. Proceedings of 20th International Conference and Exhibition on Electricity Distribution (CIRED 2009),2009. IET Conference Publications,2009.
[3] TEMPLE V. "Super" GTO's push the limits of thyristor physics[C]. Proceedings of the 35th Annual IEEE Power Electronics Specialists Conference (PESC 04),June 20-25,2004. IEEE,2004,1:604-610.
[4] ZHAO T,WANG G,BHATTACHARYA S,et al. Voltage and power balance control for a cascaded H-bridge converter-based solid-state transformer[J]. IEEE Transactions on Power Electronics,2013,28(4):1523-1532.
[5] HUBER J E,KOLAR J W. Common-mode currents in multi-cell solid-state transformers[C]. Proceedings of International Power Electronics Conference (IPEC-ECCE-ASIA),May 18-21,2014. IEEE,2014:766-773.
[6] BIFARETTI S,ZANCHETTA P,WATSON A,et al. Advanced power electronic conversion and control system for universal and flexible power management[J]. IEEE Transactions on Smart Grid,2011,2(2):231-243.
[7] WATSON A J,DANG H Q S,MONDAL G,et al. Experimental implementation of a multilevel converter for power system integration[C]. IEEE Energy Conversion Congress and Exposition,September 20-24,2009. San Jose,CA:IEEE,2009.
[8] 王国军,邵天章.面向能源互联网的电能路由器研究[J].国外电子测量技术,2018,37(4):124-128.
[9] 盛万兴,兰征,段青,等.自储能型能量路由器研究[J].电网技术,2017,41(2):387-393.
[10] 曹阳,袁立强,朱少敏,等.面向能源互联网的配网能量路由器关键参数设计[J].电网技术,2015,39(11):3094-3101.
[11] 孟杰.面向能源互联网的分布式协同控制方法研究[D].长沙:国防科学技术大学,2014.
[12] 田世明,栾文鹏,张东霞,等.能源互联网技术形态与关键技术[J].中国电机工程学报,2015,35(14):3482-3494.

[13] SU W C，ALEX Q HUANG M，et al. Special section on power electronics-enabled smart power distribution grid[J]. IEEE Transactions on Smart Grid，2022，13(5)：3851-3856.

[14] 赵彪，赵宇明，王一振，等.基于柔性中压直流配电的能源互联网系统[J].中国电机工程学报，2015，35(19)：4843-4851.

[15] 董彦彦.固态变压器及其控制策略的研究[D].济南：山东大学，2015.

[16] 王雨婷.面向能源互联网的多端口双向能量路由器研究[D].北京：北京交通大学，2016.

[17] 杨喆明.基于电力电子变压器的能量路由器拓扑与控制策略研究[D].北京：华北电力大学，2017.

[18] CHEN D，XU L，YAO L Z. DC voltage variation based autonomous control of DC microgrids[J]. IEEE Transactions on Power Delivery，2013，28(2)：637-648.

[19] 王成山，李微，王议锋，等.直流微电网母线电压波动分类及抑制方法综述[J].中国电机工程学报，2017，37(1)：84-98.

[20] LIU G Y，CALDOGNETTO T，MATTAVELLI P，et al. Power-based droop control in DC microgrids enabling seamless disconnection from upstream grids[J]. IEEE Transactions on Power Electronics，2019，34(3)：2039-2051.

[21] SALEH M，ESA Y，MOHAMED A . Communication based control for DC microgrids[J]. IEEE Transactions on Smart Grid，2019，10(2)：2180-2195.

[22] 涂春鸣，孟阳，肖凡，等.一种交直流混合微网能量路由器及其运行模态分析[J].电工技术学报，2017，32(22)：176-188.

[23] 涂春鸣，栾思平，肖凡，等.三端口直流能量路由器在 TCM 调制下的优化控制策略[J].电网技术，2018，42(8)：2503-2511.

[24] 李振，盛万兴，段青，等.基于储能稳压的交直流混合电能路由器协调控制策略[J].电力系统自动化，2019，43(2)：121-129.

[25] 王成山，宋关羽，李鹏，等.基于智能软开关的智能配电网柔性互联技术及展望[J].电力系统自动化，2016，40(22)：168-175.

[26] 王成山，孙充勃，李鹏，等.基于 SNOP 的配电网运行优化及分析[J].电力系统自动化，2015，39(09)：82-87.

[27] HUANG A. FREEDM system——a vision for the future grid[C]. Proceedings of IEEE-Power-and-Energy-Society General Meeting，July 25-29，2010. Providence，RI，USA：IEEE，2010：1-4.

[28] HUANG A Q，CROW M L，HEYDT G T，et al. The future renewable electric energy delivery and management (FREEDM) system：the energy internet[J]. Proceedings of the IEEE，2011，99(1)：133-148.

[29] 蒲天骄，刘克文，陈乃仕，等.基于主动配电网的城市能源互联网体系架构及其关键技术[J].中国电机工程学报，2015，35(14)：3511-3521.

[30] 盛万兴，段青，梁英，等.面向能源互联网的灵活配电系统关键装备与组网形态研究[J].中国电机工程学报，2015，35(15)：3760-3769.

[31] 段青，盛万兴，孟晓丽，等.面向能源互联网的新型能源子网系统研究[J].中国电机工程学报，2016，36(2)：388-398.

[32] XU Y，ZHANG J H，WANG W Y，et al. Energy router：architectures and functionalities toward energy internet[C]. Proceedings of IEEE International Conference on Smart Grid Communications (SmartGridComm)，October 17-20，2011. Brussels，Belgium：IEEE，2011：31-36.

[33] 郭慧，汪飞，张笠君，等.基于能量路由器的智能型分布式能源网络技术[J].中国电机工程学报，2016，36(12)：3314-3324.

第3章

三相两电平逆变器的模型
预测共模电压抑制策略

在如今电力电子技术高速发展的社会,功率变换器和高性能可调速传动装置被广泛运用于交流传动、有源滤波、新能源发电等领域。同时,伴随着电力电子器件向高电压、大容量、高开关频率和高功率密度方向发展,由电力电子元件产生的共模电压所造成的危害越来越大,它不仅会产生电磁干扰,造成电子设备出现故障,从而无法正常工作,还会导致电机轴电压及轴电流过高,造成电机的使用寿命降低[1]。因此,对抑制逆变器输出共模电压的控制技术的研究具有极大的实用价值。

本章以经典三相两电平电压源型逆变器(voltage source inverter,VSI)拓扑结构同时接三相对称平衡负载为例,深入研究对于 VSI 的模型预测共模电压抑制方法。直接舍弃零电压矢量的模型预测控制算法尽管能够降低逆变器输出共模电压,但是会使逆变器输出电流畸变率及输出电能质量大大降低,针对这一问题,本章提出基于优化虚拟矢量的模型预测控制算法,在保证抑制逆变器输出共模电压的基础上提高逆变器输出电能质量。

3.1 三相两电平逆变器数学模型

三相两电平电压源型逆变器的拓扑结构如图 3-1 所示,V_{DC} 为直流侧电压;i_{DC} 为直流侧输入电流;C_1 和 C_2 为直流侧储能电容;L_f 为滤波电感;R_f 为线路等效电阻的总电阻及滤波电感等效电阻;o 为输入端串联的两电容间中性点;e_a、e_b、e_c 为三相反电动势[2]。

三相两电平逆变器各桥臂开关管可以用 S_x 来表示,其中,$x = 1, 2, \cdots, 6$;同时,通过 S_a、S_b 和 S_c 三个开关信号表示各桥臂开关状态,S_a、S_b、S_c 三个开关信号的定义如下式所示[3]:

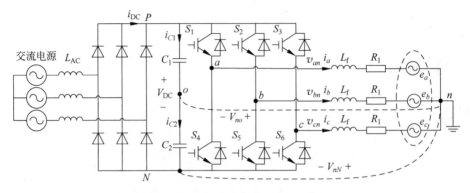

图 3-1　三相两电平电压源型逆变器的拓扑结构

$$
\begin{cases}
S_a = \begin{cases} 1, & \text{若 } S_1 \text{ 开通}, S_4 \text{ 关断} \\ 0, & \text{若 } S_4 \text{ 开通}, S_1 \text{ 关断} \end{cases} \\[2ex]
S_b = \begin{cases} 1, & \text{若 } S_2 \text{ 开通}, S_5 \text{ 关断} \\ 0, & \text{若 } S_5 \text{ 开通}, S_2 \text{ 关断} \end{cases} \\[2ex]
S_c = \begin{cases} 1, & \text{若 } S_3 \text{ 开通}, S_6 \text{ 关断} \\ 0, & \text{若 } S_6 \text{ 开通}, S_3 \text{ 关断} \end{cases}
\end{cases} \tag{3-1}
$$

由式(3-1)可知,三相两电平逆变器共有 8 种开关状态,这 8 种开关状态在空间矢量的分布如图 3-2 所示。

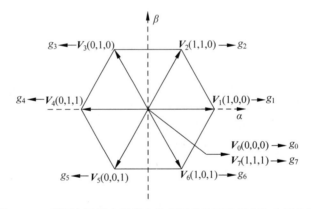

图 3-2　三相两电平逆变器所产生的可能的开关状态和电压矢量

3.2　模型预测控制及三相两电平逆变器输出共模电压分析

根据电压空间矢量原理可推得,三相两电平逆变器输出的电压矢量为[4]

$$
\boldsymbol{u}_1 = \frac{2}{3}(\boldsymbol{u}_{aN} + \boldsymbol{\alpha} \times \boldsymbol{u}_{bN} + \boldsymbol{\alpha}^2 \times \boldsymbol{u}_{cN}) \tag{3-2}
$$

式中,$\boldsymbol{\alpha} = \mathrm{e}^{\mathrm{j}2\pi/3}$ 为单位旋转矢量,代表 120° 相位差。

同理,考虑负载电流空间矢量和反电动势空间矢量,可得下式:

$$\boldsymbol{i}_1 = \frac{2}{3}(\boldsymbol{i}_a + \boldsymbol{\alpha} \times \boldsymbol{i}_b + \boldsymbol{\alpha}^2 \times \boldsymbol{i}_c) \tag{3-3}$$

$$\boldsymbol{e}_1 = \frac{2}{3}(\boldsymbol{e}_a + \boldsymbol{\alpha} \times \boldsymbol{e}_b + \boldsymbol{\alpha}^2 \times \boldsymbol{e}_c) \tag{3-4}$$

根据图 3-1 所示的系统主电路图,基于基尔霍夫定理可推算出输出负载电流方程,如下式所示:

$$v_{xo} = L \frac{\mathrm{d}i_x}{\mathrm{d}t} + Ri_x + e_x + v_{no} \tag{3-5}$$

式中,x 代表逆变器输出的 a、b、c 三相,$x \in \{a, b, c\}$。

将式(3-2)、式(3-3)和式(3-4)代入式(3-5)中,由于电网中的三相电压 e_a、e_b、e_c 总是三相对称的,合成之后的 e_x 等于 0,可得到负载电压动态方程的矢量式如下[5]:

$$\boldsymbol{v} = L \frac{\mathrm{d}}{\mathrm{d}t}\left[\frac{2}{3}(\boldsymbol{i}_a + \boldsymbol{\alpha} \times \boldsymbol{i}_b + \boldsymbol{\alpha}^2 \times \boldsymbol{i}_c)\right] + \\ R\left[\frac{2}{3}(\boldsymbol{i}_a + \boldsymbol{\alpha} \times \boldsymbol{i}_b + \boldsymbol{\alpha}^2 \times \boldsymbol{i}_c)\right] + \frac{2}{3}\boldsymbol{v}_{nN}(1 + \boldsymbol{\alpha} + \boldsymbol{\alpha}^2) \tag{3-6}$$

由于负载端的连接方式为三相星形连接,因此式(3-6)的最后一项等于零,即

$$\frac{2}{3}(\boldsymbol{v}_{nN} + \boldsymbol{\alpha}\boldsymbol{v}_{nN} + \boldsymbol{\alpha}^2 \boldsymbol{v}_{nN}) = \frac{2}{3}(1 + \boldsymbol{\alpha} + \boldsymbol{\alpha}^2)\boldsymbol{v}_{nN} = \boldsymbol{0} \tag{3-7}$$

因此,负载电压动态方程可以由下式来表示:

$$\boldsymbol{v} = R\boldsymbol{i} + L \frac{\mathrm{d}\boldsymbol{i}}{\mathrm{d}t} + \boldsymbol{e} \tag{3-8}$$

由此可得到三相两电平逆变器在三相静止坐标系下的模型为[6]

$$\frac{\mathrm{d}}{\mathrm{d}t}\begin{bmatrix}i_a\\i_b\\i_c\end{bmatrix} = -\frac{R_1}{L_f}\begin{bmatrix}i_a\\i_b\\i_c\end{bmatrix} + \frac{1}{L_f}\begin{bmatrix}u_{oN}\\u_{oN}\\u_{oN}\end{bmatrix} - \frac{1}{L_f}\begin{bmatrix}e_a\\e_b\\e_c\end{bmatrix} + \frac{1}{L_f}\begin{bmatrix}u_{aN}\\u_{bN}\\u_{cN}\end{bmatrix} \tag{3-9}$$

式中,i_a、i_b、i_c 为负载电流;e_a、e_b、e_c 为阻感负载的反电动势;u_{oN} 为 o 点和 N 点之间的电压;L_f 为输出滤波电感;u_{aN}、u_{bN}、u_{cN} 为逆变器输出三相相电压;R_1 为线路等效阻抗。

假设采样周期为 T_s,通过前向欧拉公式逼近等效替换负载电流导数 $\mathrm{d}i/\mathrm{d}t$,即通过下式逼近导数:

$$\frac{\mathrm{d}i}{\mathrm{d}t} \approx \frac{i(k+1) - i(k)}{T_s} \tag{3-10}$$

这里,相电流和相电压可以通过电流传感器和电压传感器获得,由式(3-9)和式(3-10)可以得到离散化的输出电流数学模型,如下式所示:

$$\begin{bmatrix}i_\alpha(k+1)\\i_\beta(k+1)\end{bmatrix} = \begin{bmatrix}i_\alpha(k)\\i_\beta(k)\end{bmatrix} + \frac{T_s}{L}\begin{bmatrix}u_\alpha(k+1)\\u_\beta(k+1)\end{bmatrix} - \begin{bmatrix}e_\alpha(k+1)\\e_\beta(k+1)\end{bmatrix} \tag{3-11}$$

式中,反电动势 $e_\alpha(k+1)$、$e_\beta(k+1)$ 由矢量角补偿法外推得到[7],如下式所示:

$$e(k+1) = e(k)\mathrm{e}^{\mathrm{j}\omega T_s} \tag{3-12}$$

如式(3-13)所示,根据传统有限控制集模型预测控制的原理,逆变器下一时刻动作的开关状态是基于所建立的代价函数寻出的最优开关矢量,从而使得逆变器输出的电流尽可能

接近参考电流。

$$g = | i_\alpha^*(k+1) - i_\alpha(k+1) | + | i_\beta^*(k+1) - i_\beta(k+1) | \tag{3-13}$$

式中,$i_\alpha(k+1)$ 和 $i_\beta(k+1)$ 可以通过式(3-11)得到;$i_\alpha^*(k+1)$ 和 $i_\beta^*(k+1)$ 可以通过矢量角补偿法计算得出。

在此方法中,为了寻到最优开关状态,首先基于两电平逆变器输出的 8 种电压状态求解出对应的电流值,然后将 8 个电流值 $i_\alpha(k+1)$ 和 $i_\beta(k+1)$ 代入代价函数 g 中,从而获得最优的电压矢量。整个过程需要大量的计算,并且零电压矢量的存在使得共模电压的幅值较大。

为了减少计算量,文献[7]对传统有限控制集模型预测控制算法进行改进。传统模型预测控制方法通过选择合适的电压矢量 $v(k)$ 来控制 t_{k+1} 时刻预测电流 $i^p(k+1)$ 尽可能与参考电流 $i^*(k+1)$ 相等,所提控制策略假设 t_{k+1} 时刻预测电流 $i^p(k+1)$ 与参考电流 $i^*(k+1)$ 相等,从而根据数学模型反推出此时的逆变器输出电压 $u^*(k)$,该电压矢量可作为参考电压矢量,如下式所示:

$$\begin{bmatrix} u_\alpha^*(k+1) \\ u_\beta^*(k+1) \end{bmatrix} = \frac{RT + L_s}{T_s} \begin{bmatrix} i_\alpha^*(k+1) \\ i_\beta^*(k+1) \end{bmatrix} - \frac{L}{T_s} \begin{bmatrix} i_\alpha(k) \\ i_\beta(k) \end{bmatrix} + \begin{bmatrix} e_\alpha(k+1) \\ e_\beta(k+1) \end{bmatrix} \tag{3-14}$$

然后将计算出的 8 个电压矢量代入代价函数 g 中,求解出最优开关状态,代价函数如下式所示:

$$g = | u_\alpha(k+1) - u_\alpha^*(k+1) | + | u_\beta(k+1) - u_\beta^*(k+1) | \tag{3-15}$$

对于图 3-1 所示的传统三相两电平电压源型逆变器来说,共模电压被认为是当负载为三相星形连接时,负载中性点与参考地的电位差,即图 3-1 中的 v_{nN}。由图 3-1 可知 $v_{nN} = v_{no} + v_{oN}$,由于 v_{oN} 远小于 v_{no}[8],因此在计算共模电压时往往将 v_{oN} 忽略,由此可以将逆变器的共模电压定义为逆变器直流侧中性点与三相星形连接的负载中性点之间的电位差[9],即

$$v_{CM} = v_{no} = \frac{(v_{ao} + v_{bo} + v_{co})}{3} \tag{3-16}$$

结合式(3-1)及式(3-16)可以得到三相各桥臂中点对直流侧中点的电压表达式为

$$\begin{cases} v_{ao} = \left(S_a - \dfrac{1}{2}\right) \times V_{DC} \\ v_{bo} = \left(S_b - \dfrac{1}{2}\right) \times V_{DC} \\ v_{co} = \left(S_c - \dfrac{1}{2}\right) \times V_{DC} \end{cases} \tag{3-17}$$

由式(3-16)和式(3-17)可得到三相两电平逆变器的共模电压与各个开关量的关系式为

$$v_{CM} = \frac{V_{DC}}{3} \times (S_a + S_b + S_c) - \frac{V_{DC}}{2} \tag{3-18}$$

通过式(3-18)可以得出逆变器各空间电压矢量作用时对应的共模电压幅值,如表 3-1 所示[9]。

表 3-1　开关状态与对应共模电压幅值

电压矢量	开关状态(a,b,c)	共模电压
V_0	$(0,0,0)$	$-V_{DC}/2$
V_1	$(1,0,0)$	$-V_{DC}/6$
V_2	$(1,1,0)$	$V_{DC}/6$
V_3	$(0,1,0)$	$-V_{DC}/6$
V_4	$(0,1,1)$	$V_{DC}/6$
V_5	$(0,0,1)$	$-V_{DC}/6$
V_6	$(1,0,1)$	$V_{DC}/6$
V_7	$(1,1,1)$	$V_{DC}/2$

由表 3-1 可以看出，共模电压的最大幅值为 $|V_{CM}|=V_{DC}/2$，最大变化范围为 $\pm V_{DC}/2$。当零电压矢量作用（开关状态全为 0 或全为 1）时输出共模电压幅值的绝对值达到最大值 $V_{DC}/2$[10]，因此目前在减少共模电压的控制方法中应用最多的是直接舍弃零电压矢量，即 $\{S_a,S_b,S_c\}=\{0,0,0\}$ 或 $\{1,1,1\}$，只选用输出共模电压幅值为 $V_{DC}/6$ 的非零电压矢量，将其作为参考电压矢量，从而有效抑制共模电压。

3.3　传统三相两电平模型预测共模电压抑制策略

3.3.1　无零矢量模型预测共模电压抑制策略

由模型预测控制策略原理可知，三相两电平逆变器的模型预测控制是基于对六个非零电压矢量和两个零电压矢量进行优化寻优，从而寻得最优电压矢量。然而，由表 3-1 可知零电压矢量的存在将会导致共模电压较大[11]。为此，文献[12]在传统的三相两电平模型预测控制的基础上通过直接在代价函数寻优过程中舍弃零矢量的电压矢量选择方法来实现共模电压的抑制，如图 3-3 所示。

在模型预测控制算法中，只需对采用的 6 个开关状态（不包括零电压矢量）进行负载电流预测，寻找预测电流中使得代价函数得到最优解的开关状态，便可以将共模电压幅值抑制到直流侧电压的 1/6。这种共

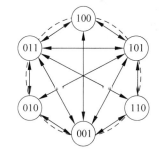

图 3-3　舍弃零矢量的模型预测控制方案

模电压抑制方法在计算负载电流输出预测值时只需计算出 $(0,0,0)$ 和 $(1,1,1)$ 之外的其他 6 个开关状态即可[13]。然而这种方法是通过削弱负载电流的跟踪性能来达到抑制共模电压的目的，因此，逆变器的输出性能将会受到影响。

3.3.2　加入权重系数的模型预测共模电压抑制策略

直接舍弃零矢量将会导致逆变器输出电能质量降低，输出电流畸变率增大，针对这一问题，文献[14]提出在代价函数中加入共模电压权重系数项，协调控制逆变器输出电流质量与共模电压抑制，将控制逆变器输出电流作为主要控制目标，抑制共模电压作为次要控制目

标,从而能够同时实现控制逆变器输出较好的电能质量以及抑制逆变器输出共模电压的功能。经过改进后的代价函数表达式为

$$g = \left| i_\alpha^p(k+1) - i_\alpha^*(k+1) \right| + \left| i_\beta^p(k+1) - i_\beta^*(k+1) \right| + l_{CM} f(v_k) \quad (3\text{-}19)$$

式中,$f(v_k)$ 为共模电压的幅值函数;l_{CM} 为共模电压因子所对应的权重系数。

加入共模电压权重系数的模型预测控制策略将抑制共模电压作为次要控制目标,然而由于模型预测控制的主要目标是控制逆变器输出良好的电能质量,因此无法将共模电压项的权重系数设置过大,否则会严重影响负载电流跟踪性能,从而影响逆变器的输出电能质量。同时,该方案需要合理地设置权重系数并且需要同时考虑多个控制目标,而目前为止未找到较为有效的权重系数设计方法。因此,在保证共模电压抑制效果的基础上,如何进一步提高负载电流跟踪性能和有效提高逆变器输出性能是采用这种控制策略所需解决的问题。

3.4   基于优化虚拟矢量的模型预测共模电压抑制策略

3.4.1   虚拟矢量的构造

如 3.3 节所述,虽然直接舍弃零电压矢量的方法能够将共模电压幅值由 $V_{DC}/2$ 减小到 $V_{DC}/6$,但是该方法将导致较大的电流畸变[15]。而在代价函数中加入共模电压因子的方法由于难以确定共模电压项的权重系数,在实际应用中也难以实施。为了解决前文所提到的问题,本节提出了一种基于优化虚拟矢量的模型预测共模电压抑制策略,整个系统控制框图如图 3-4 所示。

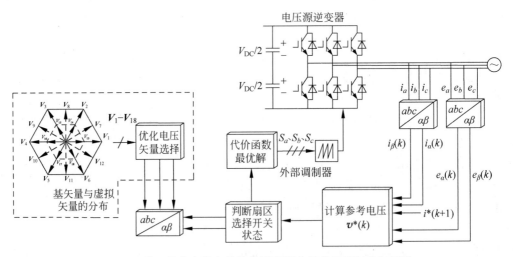

图 3-4   基于优化虚拟矢量的模型预测共模电压抑制控制框图

如图 3-5 所示,本节通过 6 个非零电压矢量的线性组合构造出 $\boldsymbol{V}_7 \sim \boldsymbol{V}_{18}$ 共 12 个虚拟矢量,其中,基矢量 $\boldsymbol{V}_1 \sim \boldsymbol{V}_6$ 的幅值为 $2V_{DC}/3$,虚拟矢量 $\boldsymbol{V}_7 \sim \boldsymbol{V}_{12}$ 的幅值为 $\sqrt{3}V_{DC}/3$,虚拟矢量 $\boldsymbol{V}_{13} \sim \boldsymbol{V}_{18}$ 的幅值为 $4V_{DC}/9$。为了抑制共模电压,本节通过 6 个非零矢量来合成所需的虚拟矢量,合成条件满足伏秒平衡原则[16],如下式所示:

$$\begin{cases} T_s \boldsymbol{V}_{\mathrm{virtual}} = \sum_{i=1,2,\cdots,k} T_i \boldsymbol{V}_i \\ T_1 + T_2 + \cdots + T_k = T_s \end{cases} \tag{3-20}$$

式中,$\boldsymbol{V}_i \in \{\boldsymbol{V}_1, \boldsymbol{V}_2, \cdots, \boldsymbol{V}_6\}$。

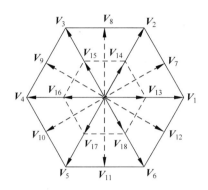

图 3-5 虚拟电压矢量分布图

文献[17]分析了常用的抑制共模电压 PWM 调制方法,讨论不同调制策略下各矢量作用时间,从而得出,采用邻近状态脉冲宽度调制策略(near state pulse width modulation,NSPWM)能够有效抑制三相逆变器的共模电压,逆变器输出畸变率及开关损耗较低。因此,本节采用 NSPWM 策略来构造虚拟矢量 $\boldsymbol{V}_7 \sim \boldsymbol{V}_{18}$,从而既能够有效抑制逆变器输出共模电压,又能够提高输出电能质量。

3.4.2 SVPWM 分扇区原理

由于本章所提方法在原有 6 个基电压矢量的基础上增加了 12 个虚拟电压矢量,算法中的循环计算时间将会极大地增加,因此控制器需要较强的运算能力。为了减少滚动寻优时控制器的计算时间,本节提出了一种基于电压空间矢量脉宽调制(space vector pulse width modulation,SVPWM)分扇区原理的模型预测共模电压抑制控制策略,基于空间脉冲矢量调制控制策略[18-20],对逆变器输出的电压矢量进行分扇区处理。

在滚动寻优的过程中,基于参考电压矢量搭建代价函数,对所有可能的开关状态进行寻优,选择一个与参考电压矢量 $\boldsymbol{v}^*(k)$ 尽可能接近的电压矢量。同时,考虑到参考电压矢量可能会超过空间矢量的范围,即 $|\boldsymbol{v}^*(k)| > r$,对所求得的参考电压进行限制。

根据以参考电流计算得出的参考电压的空间扇区位置,判断出参考电压矢量所处的空间扇区,从而选择相应扇区内的电压矢量来进行寻优。

$$\begin{cases} N = 6 + \mathrm{ceil}\left(\dfrac{3V_{\mathrm{angle}}}{\pi}\right), & V_{\mathrm{angle}} < 0 \\ N = \mathrm{ceil}\left(\dfrac{3V_{\mathrm{angle}}}{\pi}\right), & \text{其他} \end{cases} \tag{3-21}$$

式中,N 为扇区编号;V_{angle} 为归一化后参考电压矢量 $\boldsymbol{v}_{\mathrm{last}}^*(k)$ 的相角;ceil 为向上取整函数。

如果参考电压矢量 $\boldsymbol{v}^*(k)$ 落在第一扇区内,则只需对第一扇区的所有电压矢量进行寻优,即采用$\{V_1,V_2,V_7,V_{13},V_{14}\}$所包含的 5 个电压矢量进行预测计算。基于此方法,能够将用于寻优的开关状态从 18 种减小到 5 种,并且,此方法还可以应用在更高电平的逆变器控制中。

3.4.3 仿真分析与验证

为了验证本节所提的共模电压抑制策略的控制效果及其有效性,利用 MATLAB/Simulink 进行仿真分析,其中主电路采用三相两电平逆变器拓扑结构,负载为采用三相星形连接方式的阻感性负载。逆变器在额定功率状态下运行,功率因数 PF 为 1,仿真时间设置为 0.15 s。仿真参数如表 3-2 所示。

表 3-2 仿真参数

参 数	符 号	数 值
直流侧电压	V_{DC}	450 V
滤波电感	L_f	30 mH
滤波电阻	R_f	0.1 Ω
采样频率	f_s	10 kHz
反电动势幅值	e	100 V
参考电流的幅值和频率	i^*	10 A/50 Hz

为验证在三相两电平逆变器拓扑结构下所提共模电压抑制策略的控制性能,分别给出了不同控制方法下三相两电平逆变器的仿真输出结果。

图 3-6(a)为在传统模型预测控制策略的基础上加入去除冗余矢量算法时共模电压的仿真波形图,可以看出,由于零矢量的存在,逆变器输出的共模电压幅值可达到 $V_{DC}/2$,这不仅会造成设备出现额外的功率损耗,还会危害到设备运行的可靠性,并且会降低电网运行的经济性,威胁到电网的安全稳定运行。图 3-6(b)为传统模型预测控制策略下输出电流傅里叶分析频谱图,可以看出,通过模型预测控制策略可以将输出电流的总谐波畸变率控制在一个较低的范围内,输出电能的质量较好。

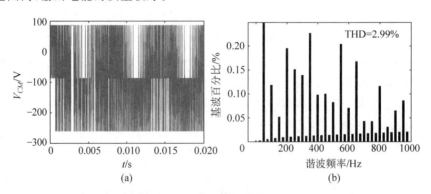

图 3-6 传统模型预测控制时逆变器输出的共模电压波形及输出电流频谱图
(a) 逆变器输出共模电压波形;(b) 逆变器输出电流频谱图

图 3-7(a)为舍弃零电压矢量时逆变器的输出共模电压波形,可以看出,当舍弃零电压矢量时,共模电压幅值由 $V_{DC}/2$ 降到 $V_{DC}/6$,舍弃零电压矢量可以有效降低逆变器的输出共

模电压。图 3-7(b)为舍弃零电压矢量时逆变器输出电流频谱图,可以看出,舍弃零矢量导致电流跟踪性能下降,电流畸变率上升,输出电能质量降低。

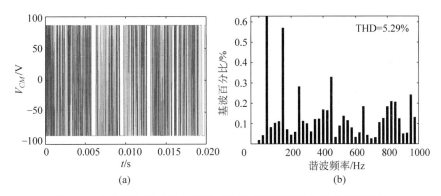

图 3-7　舍弃零矢量时逆变器输出共模电压波形及输出电流频谱图
(a)逆变器输出共模电压波形;(b)逆变器输出电流频谱图

图 3-8(a)、图 3-8(b)分别为在代价函数中加入共模电压权重系数时逆变器输出共模电压波形图以及输出电流频谱图。可以看出,在代价函数中加入共模电压权重系数同样能够使共模电压幅值降低,但也一样存在电流跟踪性能下降的问题。

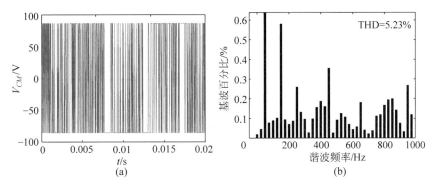

图 3-8　加入共模电压系数时逆变器输出共模电压波形及输出电流频谱图
(a)逆变器输出共模电压波形;(b)逆变器输出电流频谱图

图 3-9(a)为采用本节所提出的基于优化虚拟电压矢量的共模电压抑制策略时逆变器输出共模电压波形图,可以看出本节所提出的方法可以有效降低共模电压。同时,通过图 3-9(b)可以看出,本节所提的增加虚拟电压矢量的方法,充分利用了整个电压空间矢量控制区域,使得电流跟踪性能进一步提高,电流谐波畸变率进一步降低。

图 3-10 为不同模型预测控制策略下负载电流的跟踪轨迹。其中,图 3-10(a)为传统模型预测控制策略下负载电流矢量跟踪轨迹;图 3-10(b)为直接舍弃零电压矢量模型预测控制策略下负载电流矢量跟踪轨迹;图 3-10(c)为加入共模电压权重系数时负载电流矢量跟踪轨迹;图 3-10(d)为本节所提出的基于优化虚拟矢量的模型预测控制策略下的负载电流矢量跟踪轨迹。由四幅图的对比可知,本节所提出的方法,在达到抑制共模电压的基础上,更好地提高了输出电流跟踪性能,从而提高了输出电能质量。

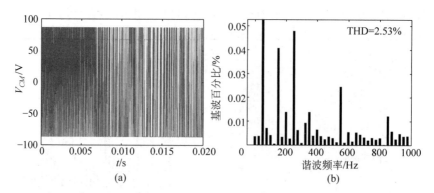

图 3-9　采用优化虚拟电压矢量控制策略时逆变器输出共模电压波形及输出电流频谱图

（a）逆变器输出共模电压波形；（b）逆变器输出电流频谱图

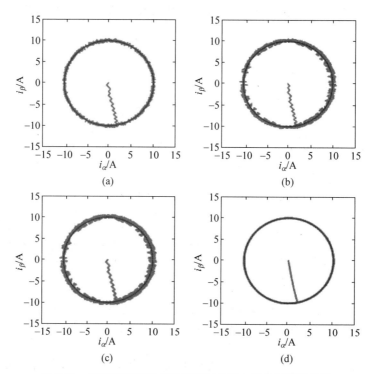

图 3-10　不同模型预测控制策略下负载电流矢量跟踪轨迹

3.5　本章小结

　　针对传统三相两电平逆变器控制策略在实际应用中出现较大共模电压的问题，本章提出了一种基于虚拟电压矢量的优化的逆变器模型预测控制策略。在已知基于传统模型预测控制策略下抑制逆变器输出共模电压方法的基础上，通过构造虚拟电压矢量的方法实现对逆变器输出共模电压的有效抑制。仿真分析表明，采用本章所提方法不仅能够有效降低逆变器输出的共模电压，而且能够使得逆变器输出电流有效跟踪所设定的参考电流，从而减小输出电流的畸变率,显著地提高逆变器输出电能质量。同时,如何进一步提高控制精度以及提高逆变器输出电能质量将是本书下一步所需要研究的重点。

参考文献

[1]　NGUYEN H N,LEE H H. A Modulation scheme for matrix converters with perfect zero common-mode voltage[J]. IEEE Transactions on Power Electronics,2016,31(8):5411-5422.

[2]　QIN C W,ZHANG C H,CHEN A L,et al. A space vector modulation scheme of the quasi-Z-source three-level T-type inverter for common-mode voltage reduction[J]. IEEE Transactions on Industrial Electronics,2018,65(10):8340-8350.

[3]　杨浩,吕雪峰,潘浩明.两电平电压型逆变器共模电压抑制策略[J].电气工程学报,2018,13(4):26-31.

[4]　陆治国,王友,廖一茜.基于光伏并网逆变器的一种矢量角补偿法有限控制集模型预测控制研究[J].电网技术,2018,42(2):548-554.

[5]　闫雪丽,郝本昂,夏自田,等.基于预测控制的共模电压抑制策略分析[J].煤矿机电,2014,5(5):58-59,64.

[6]　侯庆庆.基于MPC的三相离网逆变器控制方法的研究[D].合肥:安徽大学,2016.

[7]　张虎,张永昌,杨达维.基于双矢量模型预测直接功率控制的双馈电机并网及发电[J].电工技术学报,2016,31(5):69-76.

[8]　钱照明,张军明,盛况.电力电子器件及其应用的现状和发展[J].中国电机工程学报,2014,34(29):5149-5161.

[9]　朱晓雨,王丹,彭周华,等.三相电压型逆变器的延时补偿模型预测控制[J].电机与控制应用,2015,42(9):1-7.

[10]　徐艳平,张保程,周钦.永磁同步电机双矢量模型预测电流控制[J].电工技术学报,2017,32(20):222-230.

[11]　KWAK S,MUN S K. Model predictive control methods to reduce common-mode voltage for three-phase voltage source inverters[J]. IEEE Transactions on Power Electronics,2015,30(9):5019-5035.

[12]　章勇高,邝光健,龙立中.三相逆变器的无零矢量共模电压抑制技术研究[J].电力系统保护与控制,2013,41(2):138-143.

[13]　EDPUGANTI A,RATHORE A K. Optimal pulsewidth modulation for common-mode voltage elimination of medium-voltage modular multilevel converter fed open-end stator winding induction motor drives[J]. IEEE Transactions on Industrial Electronics,2017,64(1):848-856.

[14]　陈希亮,焦慧方,韩亚强,等.基于预测控制技术的逆变-电机系统共模干扰抑制[J].电源学报,2017,15(3):112-117.

[15]　杨宇.两电平逆变器共模电压抑制策略研究[D].徐州:中国矿业大学,2016.

[16]　张虎,张永昌,刘家利,等.基于单次电流采样的永磁同步电机无模型预测电流控制[J].电工技术学报,2017,32(2):180-187.

[17]　郭磊磊,金楠,申永鹏.一种基于优化电压矢量选择的电压源逆变器模型预测共模电压抑制方法[J].电工技术学报,2018,33(6):1347-1355.

[18]　郭磊磊,金楠,韩东许,等.背靠背永磁直驱风电变流器共模电压抑制方法[J].电机与控制学报,2018,164(6):77-86,95.

[19]　章玮,王宏胜,任远,等.不对称电网电压条件下三相并网型逆变器的控制[J].电工技术学报,2010,25(12):103-110.

[20]　郭磊磊,张兴,杨淑英,等.一种改进的永磁同步发电机模型预测直接转矩控制方法[J].中国电机工程学报,2016,36(18):5053-5061.

第4章

电网故障条件下并网逆变器
电流质量及功率协调控制策略

当电网电压运行在正常情况下,采用传统 PI 控制策略便能得到较好的输出效果,然而,当电网发生某种故障使得电网电压处于不平衡状况下时,传统 PI 控制策略将难以满足控制要求[1]。电网电压发生不平衡情况时,输出的三相电流将会出现不平衡现象,输出有功功率及输出无功功率将会出现二倍频振荡现象,从而导致并网逆变器输出的电能质量较差,危害到电网系统中各设备装置的正常运行,甚至影响整个并网系统的正常安全运行[2]。因此,本章基于模型预测控制策略对并网逆变器进行控制,从而有效克服以上问题。

在并网过程中当并网逆变器输出电压与电网电压达到相同的相角时逆变器才能并入电网。因此,如何能在电网电压不平衡状况下快速有效地检测出电网电压的幅值及相位是需要解决的关键问题[3-5]。基于此,本章首先介绍和分析三种用于快速检测电网电压幅值和相角的锁相环技术;然后,提出一种电网故障条件下并网逆变器电流质量及功率协调控制策略,通过粒子群优化算法求解出各个控制目标间的调节参数,并且通过模型预测控制算法来控制逆变器。本章所提控制策略在满足控制逆变器输出三相电流平衡的同时,尽可能抑制逆变器输出有功功率及无功功率二倍频振荡,进而有效提高了并网逆变器的控制效果,进一步提升了系统运行的可靠性。

4.1 不平衡电网下的并网同步锁相环技术

4.1.1 基于单同步参考坐标系锁相环

锁相环(phase locked loop,PLL)是一个能够快速获取输入信号相位及幅值的闭环回路[6]。在传统方法上,采用 PI 控制器实时获取所需测量信号。传统基于单同步参考坐标系锁相环(synchronous reference-frame PLL,SRF-PLL)的结构框图如图 4-1 所示,其中,通过霍尔电压传感器测量到并网点电网三相电压 e_a、e_b 及 e_c,θ' 表示经过锁相环之后所获取到的并网点三相电压相角。

　　基于单同步参考坐标系锁相环的流程如下所述：通过矢量合成将 abc 坐标系下的三相电压转化为合成矢量，图 4-2 为合成矢量在 $\alpha\beta$ 坐标系及 dq 坐标系下的示意图。假设在 $\alpha\beta$ 坐标系下，合成矢量以角速度 ω 转动，dq 旋转坐标系以角速度 ω' 转动，将合成电压矢量分解到 dq 坐标系上，得到 d 轴分量 e_d 与 q 轴分量 e_q。若锁相环中的 PI 控制器跟踪效果好，在系统达到稳态时合成矢量在 d 轴或者 q 轴上的分量为 0，从而能够检测到此时的电网电压相角。从图 4-1 可以看出，基于单同步参考坐标系锁相环通过设置合理的 PI 控制器实现对 q 轴分量的无误差跟踪，从而使得合成电压矢量无 q 轴分量，只含有 d 轴分量，并且合成矢量与 d 轴重合，此时，能够通过所检测到的相角 θ' 来获取实际电网电压的相角 θ，通过 d 轴上的电压矢量幅值来获取电压矢量 e 的幅值。

　　然而基于单同步参考坐标系只能在电网电压平衡且不含有谐波分量的情况下准确地检测到电网电压相角。在实际的电网运行过程中，输电线路中所接负载容量不同以及风电、光伏发电等分布式电源的接入使得电网电压存在不平衡现象，从而使得输入锁相环的电压信号中存在不对称分量及大量谐波分量，此时，基于单同步参考坐标系技术将无法精确检测到电网电压的相位。

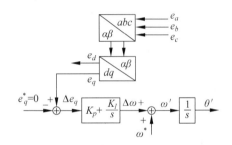

图 4-1　基于单同步参考坐标系
锁相环（SRF-PLL）结构框图

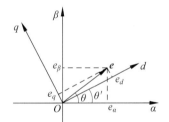

图 4-2　基于单同步参考坐标系
电网电压矢量图

4.1.2　改进型单同步参考坐标系锁相环

　　当电网发生某种故障造成电压不平衡或者发生畸变现象时传统单同步参考坐标系锁相环无法快速精确地检测到电网电压的相位和幅值，针对这一问题，文献[7]提出将单相锁相环（single-phase magnitude-phase locked loop，MPLL）技术、正序电压计算模块以及单同步参考坐标系锁相环技术相结合的改进型锁相环技术。该方案结构较为简单，能够尽可能减小电网电压不平衡现象对检测结果造成的偏差。图 4-3 所示为改进型单同步参考坐标系锁相环的结构框图。

　　由图 4-3 可知，SRF-MPLL 技术是基于传统 SRF-PLL 技术，并加入了单相锁相环MPLL 结构（见图 4-4），用于检测在 $\alpha\beta$ 坐标系下的电压分量 e_α、e_β 及其移相 $90°$ 后的电压信号，并将所获取到的信号输送至正序电压计算模块，从而测量所需信号的正序分量。

　　采用 SRF-MPLL 技术能够精确检测到当电网电压发生不平衡现象时电网电压的正序分量，因此能够更加有效地检测到电网电压的相角及频率，然而，这种锁相环的检测结果在不平衡电网电压下依然存在较大的检测误差，其检测到的电网电压较为不准确。

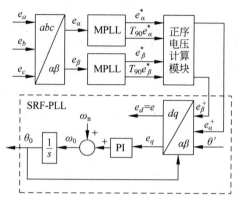

图 4-3　SRF-MPLL 结构框图

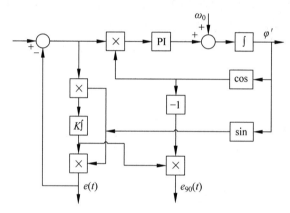

图 4-4　MPLL 结构示意框图

4.1.3　解耦双同步参考坐标系锁相环

当电网电压发生不平衡现象时传统锁相环技术无法快速准确地检测到电网电压的相角和幅值,针对这一问题,近年来相关研究人员提出解耦双同步参考坐标系锁相环(decoupled double synchronous reference frame-software phase locked loop,DDSRF-SPLL),通过建立解耦方程的方法来消除正序分量中存在的负序分量以及负序分量中存在的正序分量,从而能够消除二倍频振荡造成锁相环检测结果不准确[8]的现象。

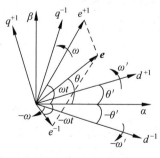

图 4-5　采用 DDSRF-PLL 技术时
电网电压矢量图

为了减小正负序分量相互耦合的影响,本节建立 dq 轴正序坐标系和负序坐标系,分别记为 $d^{+1}q^{+1}$ 和 $d^{-1}q^{-1}$。将 dq 坐标系上的分量分解到顺时针及逆时针两个方向上,从而更加直观地分析正负序分量之间的相互耦合影响。图 4-5 为采用 DDSRF-PLL 技术时电网电压矢量图。其中,dq 轴正序坐标系以角速度 ω' 进行转动,其相角设定 θ';dq 轴负序坐标系以角速度 $-\omega'$ 进行转动,其相角设定 $-\theta'$。

当电网电压出现不平衡现象时,在电网电压中将会

存在负序分量,其正、负序分量可以用下式表示[9]:

$$\boldsymbol{u}_{abc}=\boldsymbol{u}_{abc}^{+}+\boldsymbol{u}_{abc}^{-}=U^{+}\begin{bmatrix}\cos(\theta+\varphi^{+})\\\cos\left(\theta-\dfrac{2}{3}\pi+\varphi^{+}\right)\\\cos\left(\theta+\dfrac{2}{3}\pi+\varphi^{+}\right)\end{bmatrix}+U^{-}\begin{bmatrix}\cos(\theta+\varphi^{-})\\\cos\left(\theta+\dfrac{2}{3}\pi+\varphi^{-}\right)\\\cos\left(\theta-\dfrac{2}{3}\pi+\varphi^{-}\right)\end{bmatrix}\tag{4-1}$$

将 abc 坐标系下的电网电压转换到 $\alpha\beta$ 坐标系下:

$$\boldsymbol{u}_{\alpha\beta}=\boldsymbol{T}_{\alpha\beta}\cdot\boldsymbol{u}_{abc}=U^{+}\begin{bmatrix}\cos(\theta+\varphi^{+})\\\sin(\theta+\varphi^{+})\end{bmatrix}+U^{-}\begin{bmatrix}\cos(-\theta+\varphi^{-})\\\sin(-\theta+\varphi^{-})\end{bmatrix}\tag{4-2}$$

再利用派克变换分别将 $\alpha\beta$ 坐标系下的正序分量及负序分量转换为 dq 坐标系下的,如下式所示:

$$\boldsymbol{u}_{dq}^{+}=\boldsymbol{T}_{dq}^{+}\cdot\boldsymbol{u}_{\alpha\beta}=U^{+}\begin{bmatrix}\cos(\theta-\theta'+\varphi^{+})\\\sin(\theta-\theta'+\varphi^{+})\end{bmatrix}+U^{-}\begin{bmatrix}\cos(-\theta-\theta'+\varphi^{+})\\\sin(-\theta-\theta'+\varphi^{+})\end{bmatrix}\tag{4-3}$$

$$\boldsymbol{u}_{dq}^{-}=\boldsymbol{T}_{dq}^{-}\cdot\boldsymbol{u}_{\alpha\beta}=U^{+}\begin{bmatrix}\cos(\theta+\theta'+\varphi^{+})\\\sin(\theta+\theta'+\varphi^{+})\end{bmatrix}+U^{-}\begin{bmatrix}\cos(-\theta+\theta'+\varphi^{+})\\\sin(-\theta+\theta'+\varphi^{+})\end{bmatrix}\tag{4-4}$$

其中,坐标转换矩阵 $\boldsymbol{T}_{dq}^{+}=\left[\boldsymbol{T}_{dq}^{-}\right]^{-}=\boldsymbol{T}_{dq}$。根据三角函数公式将式(4-3)、式(4-4)中的正余弦函数展开,同时,假设锁相环输出的信号能够较好地跟踪到所需的电网信息,即 $\theta'\approx\theta$,因此可得

$$\boldsymbol{u}_{dq}^{+}=\boldsymbol{T}_{dq}^{+}\cdot\boldsymbol{u}_{\alpha\beta}=U^{+}\begin{bmatrix}\cos(\varphi^{+})\\\sin(\varphi^{-})\end{bmatrix}+U^{-}\begin{bmatrix}\cos(2\theta)&\sin(2\theta)\\-\sin(2\theta)&\cos(2\theta)\end{bmatrix}\begin{bmatrix}\cos(\varphi^{-})\\\sin(\varphi^{-})\end{bmatrix}\tag{4-5}$$

$$\boldsymbol{u}_{dq}^{-}=\boldsymbol{T}_{dq}^{-}\cdot\boldsymbol{u}_{\alpha\beta}=U^{-}\begin{bmatrix}\cos(\varphi^{+})\\\sin(\varphi^{-})\end{bmatrix}+U^{+}\begin{bmatrix}\cos(2\theta)&-\sin(2\theta)\\\sin(2\theta)&\cos(2\theta)\end{bmatrix}\begin{bmatrix}\cos(\varphi^{+})\\\sin(\varphi^{+})\end{bmatrix}\tag{4-6}$$

基于以上分析,当电网产生电压不平衡现象时,在正序分量中含有负序分量的二倍频振荡,负序分量中含有正序分量的二倍频振荡,正负序分量之间相互影响。为了对正负序分量进行有效解耦,可以在锁相环控制中加入解耦函数,同时,将二倍频的转换关系用下式表示[10]:

$$\boldsymbol{T}_{dq}^{+2}=\left[\boldsymbol{T}_{dq}^{-2}\right]^{\mathrm{T}}-\begin{bmatrix}\cos(2\theta)&\sin(2\theta)\\-\sin(2\theta)&\cos(2\theta)\end{bmatrix}\tag{4-7}$$

输入至锁相环的电压正、负序分量幅值为

$$\boldsymbol{u}_{dq}^{+}=\begin{bmatrix}u_{d}^{+}\\u_{q}^{+}\end{bmatrix}=U^{+}\begin{bmatrix}\cos(\varphi^{+})\\\sin(\varphi^{+})\end{bmatrix}\tag{4-8}$$

$$\boldsymbol{u}_{dq}^{-}=\begin{bmatrix}u_{d}^{-}\\u_{q}^{-}\end{bmatrix}=U^{-}\begin{bmatrix}\cos(\varphi^{-})\\\sin(\varphi^{+})\end{bmatrix}\tag{4-9}$$

因此,经过滤波器滤波之后的电压正、负序分量幅值为

$$\boldsymbol{u}_{dq}^{+*}=\begin{bmatrix}u_{d}^{+*}\\u_{q}^{+*}\end{bmatrix}=\mathrm{LPS}(s)(u_{dq}^{+}-T_{dq}^{+2}u_{dq}^{-*})\tag{4-10}$$

$$\boldsymbol{u}_{dq}^{-*}=\begin{bmatrix}u_{d}^{-*}\\u_{q}^{-*}\end{bmatrix}=\mathrm{LPS}(s)(u_{dq}^{-}-T_{dq}^{+2}u_{dq}^{+*})\tag{4-11}$$

其中,LPS(s)为低通滤波器的传递函数,具体表达式为

$$\mathrm{LPS}(s) = \frac{\omega_{\mathrm{f}}}{s + \omega_{\mathrm{f}}} \tag{4-12}$$

其中,ω_{f}表示电网电压基波角频率。

图 4-6 为 DDSRF-PLL 原理框图,图 4-6(b)、(c)为电网电压正、负序分量的相互解耦结构图,该结构图能够消除正序电压中存在的二倍频负序分量以及负序电压中存在的二倍频正序分量,从而能够消除正、负序电压分量之间相互耦合的影响,因此能够实现对正、负序两个分量的分别控制。

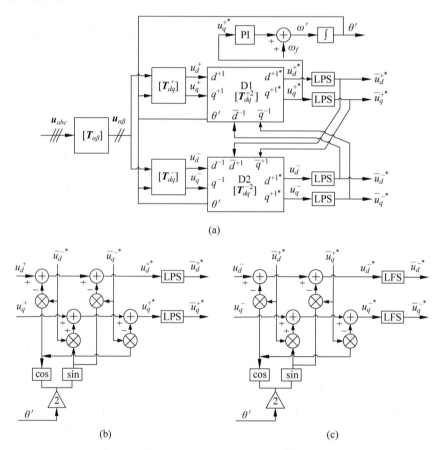

(a)

(b)   (c)

图 4-6   DDSRF-PLL 原理框图

(a) 在解耦双同步参考坐标系下的锁相环技术;(b) 解耦网络 D1;(c) 解耦网络 D2

4.1.4   仿真分析与验证

为了检验当电网电压发生不平衡现象时不同锁相环检测结果是否有效及准确,本节对不同锁相环的仿真结果进行对比分析。在仿真中,将三相电网电压设置为 330 V,设定当运行到 0.2 s 时电网发生三相不平衡故障。其中,正序电压降为正常情况的 0.6 倍,负序电压降为正常情况的 0.2 倍,根据不平衡度的定义可知,此时,不平衡度为 33.3%,不对称三相电网电压波形如图 4-7 所示。

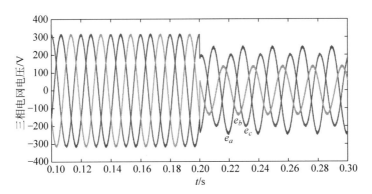

图 4-7　不对称三相电网电压波形

图 4-8 所示为采用不同锁相环技术时所检测到的电网电压频率,可以看出,采用传统 SRF PLL 技术时,当电网电压发生故障时所检测到的电压频率将会出现较大二倍频振荡,而采用改进型的 SRF-MPLL 技术时能够有效抑制二倍频振荡,然而当电网电压出现不平衡现象的瞬间获取到的电网电压频率依然会出现较大的波动。相比较前两种锁相环技术,采用 DDSRF-PLL 技术能够快速准确地检测到电网电压的频率并且较少受到电网电压不平衡所造成的干扰。

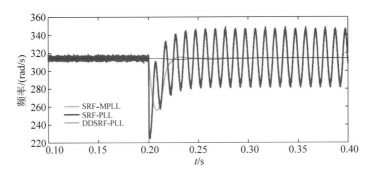

图 4-8　检测到的电网电压频率

图 4-9 和图 4-10 分别为采用 SRF-PLL 技术及 DDSRF-PLL 技术所检测到的正序电压在 dq 轴上的波形图。通过对比图 4-9 和图 4-10 可以看出,当电网电压出现不平衡现象时,采用传统 SRF-PLL 技术所检测到的电网电压将会出现较大的振荡,从而对检测结果造成较大的影响,而采用 DDSRF-PLL 技术时,尽管检测结果依然存在振荡,但其对并网效果不会产生较大影响,DDSRF-PLL 技术能够较好地适应电网电压不平衡所造成的干扰。

图 4-11 及图 4-12 为根据 SRF-PLL 技术及 DDSRF-PLL 技术检测到的电网电压频率和相位通过拟合函数进行拟合之后的电网电压与参考电压之间的比较。通过两幅图可以看出,无论是 SRF-PLL 方法还是 DDSRF-PLL 方法,其拟合后的电网电压都能够与参考电压近似吻合,因此可以判断出两种锁相环技术均具有较好的检测准确性。

综合以上分析,本节采用解耦双同步参考坐标系锁相环(DDSRF-PLL)技术对电网电压的频率及相位进行检测,从而更好地进行并网实验。

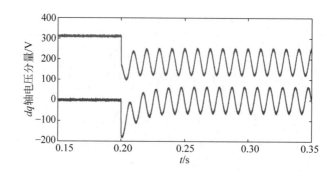

图 4-9 采用 SRF-PLL 技术时 dq 轴电压分量

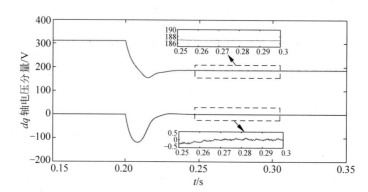

图 4-10 采用 DDSRF-PLL 技术时 dq 轴电压分量

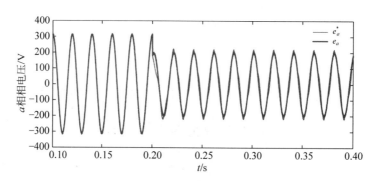

图 4-11 SRF-PLL 方法拟合后的电压与参考电压比较

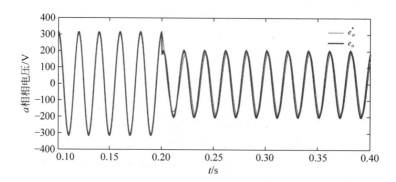

图 4-12 DDSRF-PLL 方法拟合后的电压与参考电压比较

4.2　并网逆变器的数学建模

4.2.1　三电平中性点箝位并网逆变器的数学模型

三相并网逆变器的主电路图如图 4-13 所示,其逆变器拓扑结构采用三相三电平中性点箝位(neutral point clamped,NPC)型拓扑结构。V_{DC} 为直流侧母线电压;C_1 和 C_2 为直流侧电容;L 为交流侧滤波电感;R 为滤波电阻和线路等效电阻的总电阻;v_{an}、v_{bn}、v_{cn} 分别为逆变器输出 a、b、c 三相相电压;i_a、i_b、i_c 为并网逆变器输出电流;e_a、e_b、e_c 为电网各相相电压;o 为 NPC 逆变器的中性点。

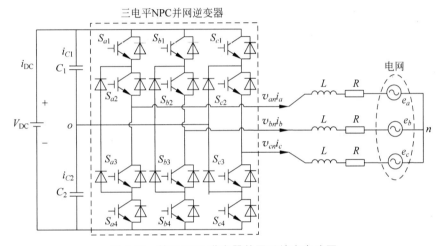

图 4-13　基于 NPC 逆变器并网系统主电路图

对于 NPC 逆变器,根据开关的不同组合每相桥臂能够输出三种不同的电平:$V_{DC}/2$、0、$-V_{DC}/2$。因此,如图 4-14 所示,三相 NPC 并网逆变器共有 $3^3=27$ 种开关状态。采用 S_x 表示每一相的开关状态,其取值为 0、1、2,$x=a$、b、c。S_x 的取值分别对应 $V_{DC}/2$、0、$V_{DC}/2$ 三种不同的逆变器输出电压[11]。表 4-1 为逆变器某一相的开关状态和所对应的输出电压关系。

表 4-1　三电平 NPC 逆变器开关状态与电压矢量关系

S_x	0	1	2
S_{x1}	+	−	−
S_{x2}	+	+	−
S_{x3}	−	+	+
S_{x4}	−	−	+
V_{xo}	$V_{DC}/2$	0	$-V_{DC}/2$

考虑到单位旋转矢量 $\alpha = e^{j2\pi/3}$ 表示 120° 相位差,逆变器输出电压矢量可以由下式定义[12]:

$$v = \frac{2}{3}(\boldsymbol{v}_{aN} + \boldsymbol{\alpha} v_{bN} + \boldsymbol{\alpha}^2 \boldsymbol{v}_{cN}) \tag{4-13}$$

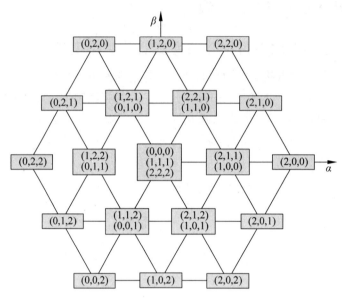

图 4-14 NPC 逆变器所产生的可能开关状态及电压矢量

根据图 4-13 所示的电路拓扑图,基于基尔霍夫电压定律可以得到并网模型下的数学表达式为

$$\begin{cases} v_{ao} = L\dfrac{\mathrm{d}i_a}{\mathrm{d}t} + Ri_a + e_a + v_{no} \\[2mm] v_{bo} = L\dfrac{\mathrm{d}i_b}{\mathrm{d}t} + Ri_b + e_b + v_{no} \\[2mm] v_{co} = L\dfrac{\mathrm{d}i_c}{\mathrm{d}t} + Ri_c + e_c + v_{no} \end{cases} \tag{4-14}$$

结合式(4-13)、式(4-14)可得

$$\boldsymbol{v} = L\frac{\mathrm{d}}{\mathrm{d}t}\left[\frac{2}{3}(\boldsymbol{i}_a + \boldsymbol{\alpha}\boldsymbol{i}_b + \boldsymbol{\alpha}^2\boldsymbol{i}_c)\right] + \frac{2}{3}R(\boldsymbol{i}_a + \boldsymbol{\alpha}i_b + \boldsymbol{\alpha}^2\boldsymbol{i}_c) +$$
$$\frac{2}{3}(\boldsymbol{e}_a + \boldsymbol{\alpha}e_b + \boldsymbol{\alpha}^2\boldsymbol{e}_c) + \frac{2}{3}(\boldsymbol{v}_{no} + \boldsymbol{\alpha}v_{no} + \boldsymbol{\alpha}^2\boldsymbol{v}_{no}) \tag{4-15}$$

由于逆变器输出侧为三相星形连接,因此式(4-15)的最后一项为零,即

$$\frac{2}{3}(\boldsymbol{v}_{no} + \boldsymbol{\alpha}\boldsymbol{v}_{no} + \boldsymbol{\alpha}^2\boldsymbol{v}_{no}) = \frac{2}{3}\boldsymbol{v}_{no}(1 + \boldsymbol{\alpha} + \boldsymbol{\alpha}^2) = \boldsymbol{0} \tag{4-16}$$

因此,负载动态方程可以由矢量微分方程来表示:

$$\boldsymbol{v} = R\boldsymbol{i} + L\frac{\mathrm{d}\boldsymbol{i}}{\mathrm{d}t} + \boldsymbol{e} \tag{4-17}$$

式中,$\boldsymbol{v}$ 为逆变器输出电压矢量;$\boldsymbol{i}$ 为逆变器输出的电流矢量;$\boldsymbol{e}$ 为并网公共耦合点(PCC)处的电压矢量。

在三电平逆变器的控制中,为了保持直流侧中性点平衡,直流侧两个电容应选择两个电容值相等的电容[13]，即：$C_1 = C_2$。根据电容特性公式，可以得到流过两个电容的电流的表达式，如下式所示：

$$\begin{cases} C_1 \dfrac{\mathrm{d}v_{C1}}{\mathrm{d}t} = i_{C1} \\[2mm] C_2 \dfrac{\mathrm{d}v_{C2}}{\mathrm{d}t} = i_{C2} \end{cases} \tag{4-18}$$

由并网逆变器数学模型可得逆变器在下一时刻 t_{k+1} 的预测值 $\boldsymbol{i}^{\mathrm{p}}(k+1)$[14]，如下式所示：

$$\boldsymbol{i}^{\mathrm{p}}(k+1) = \left(1 - \frac{RT_s}{L}\right)\boldsymbol{i}(k) + \frac{T_s}{L}(\boldsymbol{v}(k) - \boldsymbol{e}(k)) \tag{4-19}$$

式中，上标"p"代表预测值；R 表示线路等效电阻；L 表示滤波电感；T_s 表示控制器采样周期；$\boldsymbol{v}(k)$ 表示当前时刻逆变器输出电压；$\boldsymbol{e}(k)$ 表示当前时刻公共耦合点电压。结合式(4-19)及图 4-14 可知，下一时刻负载电流的预测值可以通过逆变器 27 个开关状态产生的 19 个电压矢量 $\boldsymbol{v}(k)$ 计算得出。

通过式(4-19)求得下一时刻的电流预测值之后，将 27 种开关状态所求解出的预测电流值分别代入所建立的代价函数中，通过滚动寻优求出使得代价函数最小的最优电压矢量对应的最优开关状态，基于该开关状态来控制逆变器在下一时刻的动作，使得逆变器输出电压电流值尽可能接近所设定的参考电压电流值，从而实现对逆变器的最优化输出控制。

综合以上分析，本节所提的并网逆变器模型预测控制工作流程图如图 4-15 所示。

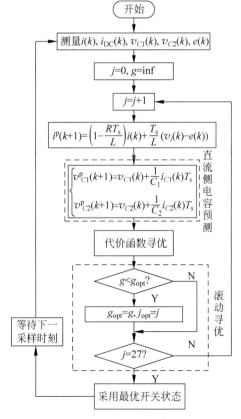

图 4-15　并网逆变器模型预测控制工作流程图

4.2.2　电网电压发生不平衡现象时并网逆变器的数学模型

为了避免零序电流注入电网中,本节将逆变器输出侧连接方式设计为三相星形接法并与电网连接。随后,将 abc 三相坐标系上的电网电压和并网电流变换到同步旋转 dq 坐标系上,并根据电网不平衡情况下会产生负序电压及负序电流,将 dq 轴上的电压量及电流量分解为正序分量及负序分量,电网电压正负序分量及并网电流的正负序分量可以由下式表示[15]:

$$\begin{cases} \boldsymbol{e}_{abc} = \boldsymbol{e}_{abc}^{+} + \boldsymbol{e}_{abc}^{-} = \boldsymbol{e}_{dq}^{+} \cdot \mathrm{e}^{\mathrm{j}\omega t} + \boldsymbol{e}_{dq}^{-} \cdot \mathrm{e}^{-\mathrm{j}\omega t} \\ \boldsymbol{i}_{abc} = \boldsymbol{i}_{abc}^{+} + \boldsymbol{i}_{abc}^{-} = \boldsymbol{i}_{dq}^{+} \cdot \mathrm{e}^{\mathrm{j}\omega t} + \boldsymbol{i}_{dq}^{-} \cdot \mathrm{e}^{-\mathrm{j}\omega t} \end{cases} \tag{4-20}$$

其中,从三相 abc 坐标系到同步旋转 dq 坐标系的旋转因子用 $\mathrm{e}^{\mathrm{j}\omega t}$、$\mathrm{e}^{-\mathrm{j}\omega t}$ 表示。

根据有功功率、无功功率及视在功率的关系可得并网逆变器的输出复功率表达式,如下式所示:

$$\begin{aligned} S = P + \mathrm{j}Q &= \frac{3}{2} \boldsymbol{e}_{\alpha\beta} \boldsymbol{i}_{\alpha\beta}^{*} \\ &= (\mathrm{e}^{\mathrm{j}\omega t} \boldsymbol{e}_{dq}^{+} + \mathrm{e}^{-\mathrm{j}\omega t} \boldsymbol{e}_{dq}^{-})(\mathrm{e}^{\mathrm{j}\omega t} \boldsymbol{i}_{dq}^{+} + \mathrm{e}^{-\mathrm{j}\omega t} \boldsymbol{i}_{dq}^{-})^{*} \end{aligned} \tag{4-21}$$

式中,P、Q 分别为逆变器输出的有功功率及无功功率;$\boldsymbol{i}_{\alpha\beta}^{*}$ 为 $\boldsymbol{i}_{\alpha\beta}$ 的共轭。

根据瞬时功率理论,通过计算各个电压和电流的内积和叉乘可以得到逆变器输出瞬时有功功率和瞬时无功功率,即

$$\begin{cases} p = \boldsymbol{u}\boldsymbol{i} \\ q = |\boldsymbol{u} \times \boldsymbol{i}| \end{cases} \tag{4-22}$$

结合式(4-21)和式(4-22)可得逆变器输出瞬时有功功率及无功功率[16],如下式所示:

$$\begin{cases} p = P_{\mathrm{o}} + P_{c2}\cos(2\omega t) + P_{s2}\sin(2\omega t) \\ q = Q_{\mathrm{o}} + Q_{c2}\cos(2\omega t) + Q_{s2}\sin(2\omega t) \end{cases} \tag{4-23}$$

其中,P_{o} 及 Q_{o} 分别为逆变器输出平均有功功率及平均无功功率;P_{c2} 和 P_{s2} 分别为输出有功功率二倍频振荡余弦、正弦分量幅值;Q_{c2} 和 Q_{s2} 分别为输出无功功率二倍频振荡余弦、正弦分量幅值。由瞬时功率理论可得有功功率平均值 P_{o}、无功功率平均值 Q_{o}、有功功率二倍频余弦正弦分量 P_{c2}、P_{s2} 及无功功率二倍频余弦正弦分量 Q_{c2}、Q_{s2} 的表达式,如下式所示[17]:

$$\begin{cases} P_{\mathrm{o}} = 1.5(e_d^+ i_d^+ + e_q^+ i_q^+ + e_d^- i_d^- + e_q^- i_q^-) \\ P_{c2} = 1.5(e_d^+ i_d^- + e_q^+ i_q^- + e_d^- i_d^+ + e_q^- i_q^+) \\ P_{s2} = 1.5(e_q^- i_d^+ - e_d^+ i_q^+ - e_q^+ i_d^- + e_d^- i_q^-) \\ Q_{\mathrm{o}} = 1.5(e_q^+ i_d^+ - e_d^+ i_q^+ + e_q^- i_d^- - e_d^- i_q^-) \\ Q_{c2} = 1.5(e_q^+ i_d^- - e_d^+ i_q^- + e_q^- i_d^+ - e_d^- i_q^+) \\ Q_{s2} = 1.5(e_d^+ i_d^- + e_q^+ i_q^- - e_d^- i_d^+ - e_q^- i_q^+) \end{cases} \tag{4-24}$$

式中,e_d^+、e_q^+、e_d^-、e_q^- 分别表示电网电压在 dq 旋转坐标轴上的正负序分量;i_d^+、i_q^+、i_d^-、i_q^- 分别表示并网电流的 dq 旋转坐标轴上的正负序分量。

结合式(4-24)可知,当电网因某种故障造成电网电压不平衡现象时,逆变器输出功率中不但含有平均有功功率 P_o 及平均无功功率 Q_o,同时在有功功率和无功功率中还含有二倍频余弦、正弦振荡分量 P_{c2}、P_{s2}、Q_{c2} 和 Q_{s2}。并且从式(4-24)可以看出存在 4 个控制量 e_d^+、e_d^-、e_q^+、e_q^- 及 6 个被控对象 P_o、P_{c2}、P_{s2}、Q_o、Q_{c2}、Q_{s2}。由数学关系可知,4 个控制量无法同时控制 6 个被控对象,因此在实际控制中难以实现同时满足控制逆变器输出平衡的三相电流、削弱逆变器输出有功功率及无功功率二倍频振荡现象的要求。

4.3　并网逆变器的不平衡电流及功率振荡灵活控制

当电网系统运行在正常稳定情况时,由于在平衡状况下三相电压电流对称从而只含有正序分量,因此无需考虑负序分量及零序分量的影响。基于此,使用传统的基于正序同步坐标系下的 PI 控制策略便能达到良好的控制效果[18]。然而,随着新能源发电系统的大量应用,大量分布式电源的接入、大功率负载的接入、单相负载用电的不确定性等因素将会造成三相电压不平衡现象[19]。而电网电压发生不平衡现象将会导致逆变器输出有功功率、无功功率的二倍频振荡现象以及电流的不平衡现象,从而降低逆变器输出电能质量。

如今,世界各国的诸多研究者都对并网逆变器在电网发生不平衡状况下的控制进行了研究并提出了相应的控制策略。其中,西班牙学者 P. Rodnguez 教授等根据几种不同的控制要求,提出了正序瞬时控制、正负序补偿控制、平衡正序控制以及平均有功控制、平均无功控制等控制策略[20],从而能够实现并网逆变器输出平衡的三相电流或者抑制输出有功功率波动以及无功功率波动。然而通过以上所提五种控制方式所提控制策略往往只能实现一种控制目标,无法实现多种目标的协调控制。同时,以上控制策略存在输出电流谐波畸变率较大,输出电能质量较低等问题。针对以上所提问题,文献[21]提出了一种基于静止坐标系的并网逆变器控制策略,该控制策略无需通过锁相环检测电网电压的相角,以及对电网电压和并网电流进行正负序分离,从而简化了硬件拓扑结构。同时,通过加入调节系数的方式协调控制并网逆变器电流谐波及输出功率,从而提高了系统的整体运行性能。然而,该控制策略并未提供一种准确的能够确定调节系数的方法,因此在实际工程运用中较难使用该控制策略。文献[22]提出采用双环结构对并网逆变器进行控制,其中,外环采用电压环,内环采用电流环,采用 PI 控制器对电压、电流正负序分量进行独立控制,以此实现并网电流质量及输出功率恒定的效果。但是这种控制策略在整个控制过程中需结合多个 PI 控制器,如何设置各个 PI 控制器的调节参数是一个较难解决的问题。

针对以上方法所存在的不足,本节提出了一种在电网发生某种故障造成电网电压不平衡情况下的并网逆变器电流质量/功率协调控制策略。所提控制策略综合考虑了控制逆变器输出三相电流平衡、抑制逆变器输出有功功率振荡以及无功功率振荡,通过构造 4 个调节参数的方法综合考虑 3 个控制目标,并采用粒子群优化算法求取 4 个调节参数。同时,由于模型预测控制方法是基于 SVPWM 原理来进行控制,因此避免了采用 PI 控制器需要确定各个调节器参数的问题,控制结构设计简单。此外,本节所提方法能够将并网电流限制在各个设备所允许的最大值之内。

4.3.1 参考电流值计算

为了解决上一节所提到的 4 个控制量无法满足同时控制 6 个被控对象的问题,需要根据不同的控制目标建立不同的参考电流算法,求解出不同的参考电流值。当电网电压发生不平衡故障时,不但需要控制逆变器输出电流质量,还需要控制逆变器输出有功功率及无功功率。由式(4-24)可知,可以根据不同的控制目标选择 4 个控制量,从而构成参考电流方程组,进而求解出对应的参考电流值。不同控制目标下的参考电流表达式如式(4-25)、式(4-26)和式(4-27)所示[23]。

(1) 控制目标 Ⅰ:控制输出三相电流平衡;当电网出现不平衡现象时输出电流将会存在负序分量及零序分量,为了有效抑制负序电流,将负序电流分量设为零,即 $i_d^- = i_q^- = 0$;同时,设置参考有功功率 P_o 及无功功率 Q_o,不考虑有功功率、无功功率二倍频振荡 P_{c2}、P_{s2}、Q_{c2}、Q_{s2} 对系统的影响。依据式(4-24)可得此时参考电流的表达式,如下式所示:

$$\begin{cases} i_d^+ = \dfrac{2}{3} \left[\dfrac{e_d^+}{E_1} P_o + \dfrac{e_q^+}{E_1} Q_o \right] \\ i_q^+ = \dfrac{2}{3} \left[\dfrac{e_q^+}{E_1} P_o - \dfrac{e_d^+}{E_1} Q_o \right] \end{cases} \tag{4-25}$$

式中,E_1 为公共耦合点电压正负序分量的平方和,即 $E_1 = (e_d^+)^2 + (e_q^+)^2$。控制目标 Ⅰ 能够有效地输出平衡的三相电流,但是存在输出有功功率及无功功率二倍频振荡的现象,其输出电能质量较差。

(2) 控制目标 Ⅱ:抑制输出有功功率振荡;由式(4-24)可知,当电网发生电压不平衡故障时,在输出的有功功率中存在二倍频振荡的现象,为了能够有效抑制输出有功功率振荡,在参考电流计算表达式中将有功功率二倍频设为零,即 $P_{c2} = P_{s2} = 0$。根据式(4-24)可得此时的参考电流计算表达式,如下式所示,

$$\begin{cases} i_d^+ = \dfrac{2}{3} \left[\dfrac{e_d^+}{E_1 - E_2} P_o + \dfrac{e_q^+}{E_1 + E_2} Q_o \right] \\ i_q^+ = \dfrac{2}{3} \left[\dfrac{e_q^+}{E_1 - E_2} P_o - \dfrac{e_d^+}{E_1 + E_2} Q_o \right] \\ i_d^- = \dfrac{2}{3} \left[\dfrac{-e_d^-}{E_1 - E_2} P_o + \dfrac{e_q^-}{E_1 + E_2} Q_o \right] \\ i_q^- = \dfrac{2}{3} \left[\dfrac{-e_q^-}{E_1 - E_2} P_o - \dfrac{e_d^-}{E_1 + E_2} Q_o \right] \end{cases} \tag{4-26}$$

式中,$E_1 = (e_d^+)^2 + (e_q^+)^2$,$E_2 = (e_d^-)^2 + (e_q^-)^2$。控制目标 Ⅱ 能够尽可能保持输出有功功率恒定,但是无法消除输出无功功率二倍频振荡的现象,同时由于输出三相电流存在不平衡现象,因此输出电能质量较差。

(3) 控制目标 Ⅲ:抑制输出无功功率振荡;当需要给电网提供无功支撑时,应抑制无功功率振荡,从而保持输出无功功率恒定,因此,将输出无功功率二倍频振荡设为零,即 $Q_{c2} = Q_{s2} = 0$。根据式(4-24)可得此时参考电流的表达式,如下式所示:

$$\begin{cases} i_d^+ = \dfrac{2}{3}\left[\dfrac{e_d^+}{E_1+E_2}P_\circ + \dfrac{e_q^+}{E_1-E_2}Q_\circ\right] \\[3mm] i_q^+ = \dfrac{2}{3}\left[\dfrac{e_q^+}{E_1+E_2}P_\circ - \dfrac{e_d^+}{E_1-E_2}Q_\circ\right] \\[3mm] i_d^- = \dfrac{2}{3}\left[\dfrac{e_d^-}{E_1+E_2}P_\circ - \dfrac{e_q^-}{E_1-E_2}Q_\circ\right] \\[3mm] i_q^- = \dfrac{2}{3}\left[\dfrac{e_q^-}{E_1+E_2}P_\circ + \dfrac{e_d^-}{E_1-E_2}Q_\circ\right] \end{cases} \tag{4-27}$$

式中，$E_1 = (e_d^+)^2 + (e_q^+)^2$，$E_2 = (e_d^-)^2 + (e_q^-)^2$。控制目标Ⅲ能够实现逆变器输出恒定的无功功率，但输出有功功率存在二倍频振荡的现象，并且在输出电流中存在明显的不平衡负序分量。

4.3.2　考虑电流平衡及功率波动的参考电流算法

由以上分析可知，传统控制方法只能满足平衡电流、抑制输出有功功率振荡及抑制输出无功功率振荡三种控制目标中的一种控制目标。同时，由于传统控制方法是基于给定的功率参考值，在这种控制方法下逆变器输出有功功率和无功功率保持恒定，使得当电网发生某种故障导致电网电压降落时，并网电流将会急剧增大，从而会对电网系统及并网逆变器的安全问题造成严重威胁。针对以上所提及的问题，本节提出的并网逆变器协调控制策略，综合考虑了逆变器输出三相电流平衡、抑制输出有功功率及无功功率振荡，同时能够限制并网电流的幅值，从而使得并网电流被限制在所允许的最大值范围内。

依据独立分布式电源并入电网系统技术规定，要求独立电站在电网故障期间应保持在一定时间不脱网。在电网系统的不脱网运行过程中，首先，根据并网规定光伏或风力发电厂应该向电网提供无功功率，并且应尽可能地保证逆变器恒定的输出有功功率。然后，需要考虑并网逆变器输出电流应该在允许的最大电流峰值内以防止由于电流过大而烧坏各设备。因此，结合式(4-25)～式(4-27)，对 3 种控制目标进行综合考虑，并在参考电流表达式中加入多个调节参数，通过调节参数之间的配合，协调控制并网逆变器输出。考虑到有功功率振荡对并网系统直流侧电压、电能的转换效率及整个系统的稳定性的影响，本节以消除输出有功功率二倍频振荡(控制目标Ⅱ)为目标，建立逆变器输出参考电流表达式，来灵活控制输出功率波动及抑制输出电流幅值，综合后的参考电流矢量表达式为

$$\begin{cases} i_d^+ = \dfrac{2}{3}\left[\dfrac{me_d^+}{E_1-k_1E_2}P_\circ + \dfrac{ne_q^+}{E_1+k_2E_2}Q_\circ\right] \\[3mm] i_q^+ = \dfrac{2}{3}\left[\dfrac{me_q^+}{E_1-k_1E_2}P_\circ - \dfrac{ne_d^+}{E_1+k_2E_2}Q_\circ\right] \\[3mm] i_d^- = \dfrac{2}{3}\left[\dfrac{-mk_1e_d^-}{E_1-k_1E_2}P_\circ + \dfrac{nk_2e_q^-}{E_1+k_2E_2}Q_\circ\right] \\[3mm] i_q^- = \dfrac{2}{3}\left[\dfrac{-mk_1e_d^-}{E_1-k_1E_2}P_\circ - \dfrac{nk_2e_q^-}{E_1+k_2E_2}Q_\circ\right] \end{cases} \tag{4-28}$$

式中，$-1 \leqslant k_1 \leqslant 1$；$-1 \leqslant k_2 \leqslant 1$；$0 \leqslant n \leqslant 1$；$0 \leqslant m \leqslant 1$。

此时，有功电流及无功电流正负序分量表达式为

$$\begin{cases} i_d^*(p) = \dfrac{2}{3}m\,\dfrac{e_d^+ - k_1 e_d^-}{(E^+)^2 - k_1(E^-)^2}P_{\mathrm{o}} \\[3mm] i_q^*(p) = \dfrac{2}{3}m\,\dfrac{e_q^+ - k_1 e_q^-}{(E^+)^2 - k_1(E^-)^2}P_{\mathrm{o}} \\[3mm] i_d^*(q) = \dfrac{2}{3}n\,\dfrac{e_q^+ - k_2 e_q^-}{(E^+)^2 - k_2(E^-)^2}Q_{\mathrm{o}} \\[3mm] i_q^*(q) = -\dfrac{2}{3}n\,\dfrac{e_d^+ - k_2 e_d^-}{(E^+)^2 + k_2(E^-)^2}Q_{\mathrm{o}} \end{cases} \tag{4-29}$$

由式(4-28)、式(4-29)可知，参考电流值与调节参数 m、n、k_1 及 k_2 有关。可以看出，当设置调节参数 $k_1=0$、$k_2=0$、$m=1$、$n=1$ 时，能够实现控制目标 Ⅰ，即控制三相输出电流平衡；当设置调节参数 $k_1=1$、$k_2=1$、$m=1$、$n=1$ 时，能够实现控制目标 Ⅱ，即抑制逆变器输出有功功率二倍频振荡；当设置调节参数 $k_1=-1$、$k_2=-1$、$m=1$、$n=1$ 时，能够实现控制目标 Ⅲ，即抑制逆变器输出无功功率二倍频振荡。因此，可以通过设置不同的调节参数值来实现不同的控制目标。同时，由式(4-29)可知，m、n 能够控制并网电流的峰值，k_1、k_2 用于抑制输出有功功率、无功功率振荡。

当电网发生不对称故障时，电网侧电流将会出现负序分量，将并网侧电流进行三相坐标系转两相静止坐标系的变换，可得并网逆变器三相输出电流在两相静止坐标系下的正、负序分量，如下式所示：

$$\begin{bmatrix} i_\alpha^+ \\ i_\beta^+ \end{bmatrix} = \begin{bmatrix} I^+ \sin(\omega t + \phi^+) \\ -I^+ \cos(\omega t + \phi^+) \end{bmatrix} \tag{4-30}$$

$$\begin{bmatrix} i_\alpha^- \\ i_\beta^- \end{bmatrix} = \begin{bmatrix} I^- \sin(\omega t + \phi^-) \\ I^- \cos(\omega t + \phi^-) \end{bmatrix} \tag{4-31}$$

式中，ϕ^+ 和 ϕ^- 分别为正负序电流的相位。

由式(4-30)、式(4-31)可以得到此时 a 相电流的幅值，如下式所示：

$$i_{am} = \frac{2}{3}\sqrt{A_1^2 + A_2^2 - 2A_1 A_2 \cos(\Delta\varphi - \varphi')} \tag{4-32}$$

式中，$\varphi' = \arctan(A_2/A_1)$；$\Delta\varphi = \theta^+ + \theta^- = \varphi^+ + \varphi^-$；

$$A_1 = \sqrt{\left[\frac{mE^+ P_{\mathrm{o}}}{(E^+)^2 - k_1(E^-)^2}\right]^2 + \left[\frac{nE^+ Q_{\mathrm{o}}}{(E^+)^2 + k_2(E^-)^2}\right]^2}$$

$$A_2 = \sqrt{\left[\frac{mE^- P_{\mathrm{o}}}{(E^+)^2 - k_1(E^-)^2}\right]^2 + \left[\frac{nE^- Q_{\mathrm{o}}}{(E^+)^2 + k_2(E^-)^2}\right]^2}$$

$$\theta^+ = \arctan\frac{nQ_{\mathrm{o}}[(E^+)^2 - k_1(E^-)^2]}{mP_{\mathrm{o}}[(E^+)^2 + k_2(E^-)^2]}$$

$$\theta^- = \arctan \frac{nk_2 Q_o \left[(E^+)^2 - k_1 (E^-)^2 \right]}{mk_1 P_o \left[(E^+)^2 + k_2 (E^-)^2 \right]}$$

同理,b 相、c 相输出电流峰值为

$$i_{bm} = \frac{2}{3} \sqrt{A_1^2 + A_2^2 - 2A_1 A_2 \cos(\Delta\varphi - \varphi')} \tag{4-33}$$

$$i_{cm} = \frac{2}{3} \sqrt{A_1^2 + A_2^2 - 2A_1 A_2 \cos(\Delta\varphi - \varphi')} \tag{4-34}$$

由式(4-32)～式(4-34)可知,当 $\Delta\varphi = \varphi'$ 时,a 相电流最大；当 $\Delta\varphi = \varphi' + (2/3)\pi$ 时,b 相电流最大；当 $\Delta\varphi = \varphi' - (2/3)\pi$ 时,c 相电流最大；因此,并网电流最大值为

$$I_m = \frac{2}{3}(A_1 + A_2)$$

$$= \frac{2}{3E^+} \left[\sqrt{\left(\frac{mP_o}{1 - k_1 \varepsilon^2} \right)^2 + \left(\frac{nQ_o}{1 + k_2 \varepsilon^2} \right)^2} + \sqrt{\left(\frac{m\varepsilon k_1 P_o}{1 - k_1 \varepsilon^2} \right)^2 + \left(\frac{n\varepsilon k_2 Q_o}{1 + k_2 \varepsilon^2} \right)^2} \right]$$

$$\tag{4-35}$$

式中,ε 表示电压的不平衡度,其值为电网负序电压和正序电压的比值,即 $\varepsilon = E^- / E^+$。

由式(4-35)可知,并网逆变器输出的最大电流与四个调节参数 m、n、k_1、k_2 有关,同时并网峰值电流与输出有功功率 P、无功功率 Q 以及不平衡度 ε 有关。通过选取合适的调节参数以及输出有功功率参考值、无功功率参考值,能够有效消除输出功率波动,降低逆变器输出电流峰值。

当电网发生不对称故障时,将会产生负序电压及负序电流。由于负序电压及负序电流的存在将会导致输出功率中存在有功功率及无功功率二倍频振荡,因此,根据瞬时功率原理,逆变器输出瞬时有功功率和无功功率可以表示为

$$\begin{cases} p = P^+ + P^- + \widetilde{P} \\ q = Q^+ + Q^- + \widetilde{Q} \end{cases} \tag{4-36}$$

式中,P^+ 和 Q^+ 分别表示瞬时有功功率和无功功率的正序分量；P^- 和 Q^- 分别表示瞬时有功功率和无功功率的负序分量；$\widetilde{P}$ 和 $\widetilde{Q}$ 分别表示瞬时有功功率和无功功率的二倍频振荡分量。

将式(4-28)、式(4-29)及式(4-35)代入式(4-36)中,可以将瞬时有功功率分解,得到瞬时有功功率的正序分量、负序分量以及二倍频振荡分量:

$$\begin{cases} P^+ = m \dfrac{(E^+)^2}{(E^+)^2 - k_1 (E^-)^2} P_o \\[3mm] P^- = m \dfrac{-k_1 (E^+)^2}{(E^+)^2 - k_1 (E^-)^2} P_o \\[3mm] \widetilde{P} = m \dfrac{(1 - k_1)(E^+ E^-) \cos(2\omega t)}{(E^+)^2 - k_1 (E^-)^2} P_o + \\[3mm] \qquad n \dfrac{(1 - k_2)(E^+ E^-) \cos(2\omega t)}{(E^+)^2 + k_2 (E^-)^2} Q_o \end{cases} \tag{4-37}$$

同理,可以将瞬时无功功率分解,得到瞬时无功功率的正序分量、负序分量以及二倍频振荡分量:

$$\begin{cases} Q^+ = n\dfrac{(E^+)^2}{(E^+)^2 - k_1(E^-)^2}Q_\circ \\[3mm] Q^- = n\dfrac{-k_1(E^+)^2}{(E^+)^2 - k_1(E^-)^2}Q_\circ \\[3mm] \tilde{Q} = n\dfrac{(1-k_1)(E^+E^-)\cos(2\omega t)}{(E^+)^2 + k_2(E^-)^2}Q_\circ - \\[3mm] \qquad m\dfrac{(1-k_2)(E^+E^-)\cos(2\omega t)}{(E^+)^2 - k_1(E^-)^2}P_\circ \end{cases} \tag{4-38}$$

为了协调控制各种控制目标,本节提出采用粒子群优化算法来确定调节参数 m、n、k_1 及 k_2。近年来,粒子群优化(particle swarm optimization,PSO)算法作为一种智能优化算法受到越来越多的关注。粒子群优化算法源于对自然界鸟群捕食行为的研究,它因具有收敛速度快、易实现且仅需调整少量参数的特点被广泛应用于目标函数优化、神经网络训练、模糊控制等领域。

通常,可以用下式表示一个多目标优化问题:

$$\min(\boldsymbol{y}) = f(\boldsymbol{x}) = (f_1(\boldsymbol{x}), f_2(\boldsymbol{x}), \cdots, f_n(\boldsymbol{x})) \tag{4-39}$$

$$g_i(\boldsymbol{x}) \leqslant 0 \tag{4-40}$$

其中,决策向量 $\boldsymbol{x} \in \mathbf{R}^m$;控制向量 $\boldsymbol{y} \in \mathbf{R}^n$;$f_i(\boldsymbol{x})$,$i = 1, 2, \cdots, n$ 是所建立的数学模型;$g_i(\boldsymbol{x}) \leqslant 0$ 是约束条件。

PSO 算法中每个粒子为所求解方程中的一个解。假设粒子的群体规模为 N,可用 X_i 表示第 $i(i = 1, 2, \cdots, N)$ 个粒子的位置,用 pBest$[i]$ 表示该粒子所经历的"最佳"位置,并用 V_i 表示该粒子的速度。整个群体中"最佳"的粒子位置用 g 表示。因此可以用下式更新粒子的速度和位置。

$$V_i = \omega \times V_i + c_1 \times \text{rand1}() \times (\text{pBest}[i] - X_i) + \\ c_2 \times \text{rand2}() \times (\text{pBest}[g] - X_i) \tag{4-41}$$

$$X_{i+1} = X_i + V_i \tag{4-42}$$

式中,c_1、c_2 为学习因子,通过 rand1() 和 rand2() 函数产生 $[0,1]$ 上的随机数;ω 为惯性权重。式(4-41)中三部分分别表示粒子目前的状态、粒子自身的优化选择以及整体的优化选择,在这三部分的共同作用下粒子才能有效地到达最佳位置。同时,还必须对寻优过程中粒子的速度进行限制,其粒子速度 V_i 不能超过最大速度 $V_{\max}$。基于 PSO 的寻优算法流程图如图 4-16 所示。

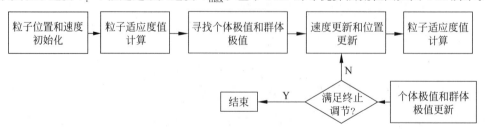

图 4-16　基于 PSO 的寻优算法流程图

其中,粒子位置和速度初始化对初始粒子位置和粒子速度赋予随机值,并根据初始粒子适应度值确定个体极值和群体极值。根据更新后的种群中粒子适应度值进一步优化个体极值和群体极值。

本节同时考虑抑制有功功率波动及无功功率波动,即使得 $\widetilde{P}+\widetilde{Q}$ 最小,因此根据式(4-37)、式(4-38)可得粒子群优化算法的适应度函数为

$$f = m\frac{(1-k_1)(E^+E^-)\cos(2\omega t)}{(E^+)^2-k_1(E^-)^2}P_\circ + n\frac{(1-k_2)(E^+E^-)\sin(2\omega t)}{(E^+)^2+k_2(E^-)^2}Q_\circ +$$
$$n\frac{(1+k_2)(E^+E^-)\cos(2\omega t)}{(E^+)^2+k_2(E^-)^2}Q_\circ - m\frac{(1+k_1)(E^+E^-)\sin(2\omega t)}{(E^+)^2-k_1(E^-)^2}P_\circ \tag{4-43}$$

在采用粒子群优化算法对调节系数进行寻优时,前提条件为逆变器输出电流在允许的最大电流范围内。因此必须对粒子设定约束函数,即粒子群优化算法的约束条件:

$$I_{\text{out}} \leqslant I_{\text{max}} \tag{4-44}$$

式中,I_{out} 为逆变器输出电流;I_{max} 为逆变器允许输出的最大电流值。

4.3.3　控制方案的总体流程分析

图 4-17 为不平衡电网电压下并网逆变器电流质量与功率协调控制框图。相比于传统控制方法只能实现一种控制目标,本节所提方法在传统并网逆变器模型预测控制的基础上加入了粒子群优化算法,通过粒子群优化算法确定调节系数,从而能够综合控制逆变器输出平衡的三相电流,抑制输出有功功率及无功功率二倍频振荡的现象,从而达到协调控制并网逆变器的目的。由图 4-17 可以看出,所提不平衡电网电压下并网逆变器电流质量与功率协调控制的步骤为:

(1) 通过解耦双同步参考坐标系锁相环(DDSRF-PLL)检测电网电压的相位 θ,然后对于检测到的三相电网电压通过派克变换将 abc 坐标系下的电网电压变换到 dq 旋转坐标系下,从而得到电网电压的正负序分量。

(2) 通过检测装置判断是否发生电网电压不平衡情况,当电网处于正常运行状态时,采用传统控制策略对并网逆变器进行控制,当发生电网电压不平衡情况时启动切换开关,迅速采用本节所提的基于参考电流优化算法对并网逆变器进行控制。

(3) 通过粒子群优化算法灵活设置调节参数,并求出此时的参考电流 i_α^*、i_β^*,在实现有效抑制逆变器输出最大峰值电流的同时使得输出三相电流尽可能平衡,同时尽可能减小输出有功功率、无功功率二倍频振荡。

(4) 基于空间矢量调制原理,在代价函数中同时考虑并网参考电流指令、逆变器输出电流、直流侧电容电压、电网电压和电流,通过模型预测控制寻出使得代价函数最小的开关状态,并将其应用于下一时刻的开关控制,以实现输出并网电流能够快速准确预测跟踪参考电流的控制目标。

4.3.4　仿真分析与验证

为了验证本节所提基于模型预测控制的在电网不平衡情况下电流峰值抑制、电流不平衡抑制及功率振荡抑制控制策略的正确性,通过 MATLAB/Simulink 进行仿真分析,仿真参数如表 4-2 所示。

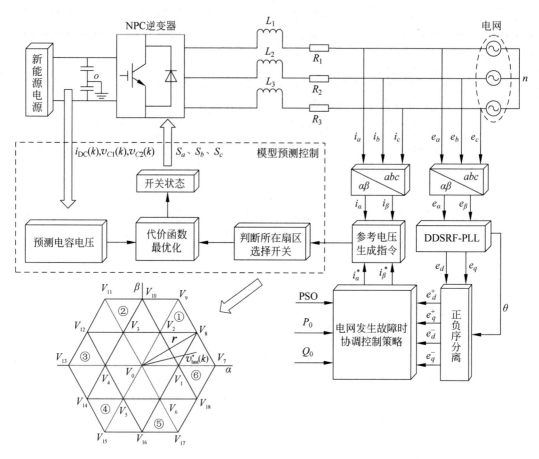

图 4-17   不平衡电网电压下并网逆变器电流质量与功率协调控制框图

表 4-2   仿真参数

参　　　数	数　　　值
直流侧电压 V_{DC}	330 V
直流侧电容 C_1、C_2	4400 μF
滤波电感 L 和电阻 R	30 mH/0.1 Ω
电网电压幅值 e_{abc}	$220\sqrt{2}$ V
权重系数 λ_{dc}，λ_n	0.1/0.01
功率调节系数 k	1
采样频率 T_s	10 kHz

　　当电网处于正常运行状态下时,假设并网逆变器在功率因数为 1 的条件下运行,因此取逆变器输出有功功率 $P=10$ kW,输出无功功率 $Q=0$。仿真试验中假设当运行到 0.4 s 时逆变器并网处发生电网电压不平衡故障,运行到 0.6 s 时将故障切除以使得电网电压恢复正常;假设在电网系统发生故障期间正序电压降落为正常情况下的 0.5 倍,负序电压降落为正常情况下的 0.2 倍,即 $e^{+1}=0.5\angle-45°$(pu)、$e^{-1}=0.2\angle+45°$(pu),不平衡电网电压如图 4-18 所示,且并网逆变器所允许的最大输出电流 $I_{max}=25$ A。

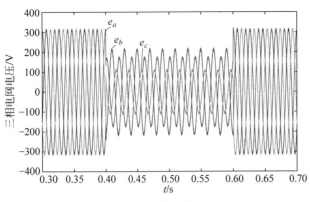

彩图 4-18

图 4-18 不平衡电网电压

为验证不平衡电网电压下所提控制策略的正确性,下面分别给出了当设置不同调节参数时并网逆变器的仿真效果。

图 4-19(a)表示当调节参数为 $m=1$、$n=1$、$k_1=0$、$k_2=0$ 时,即控制目标为使得逆变器输出三相电流平衡时并网电流波形图,可以看出,当电网未发生故障时,输出三相对称并网电流。由图 4-19(b)可以看出,当系统运行到 0.4 s 时电网发生某种故障,从而导致电网电压不平衡现象,将调节参数设置为 $m=1$、$n=1$、$k_1=0$、$k_2=0$ 尽管能够实现逆变器输出三相电流平衡,但是输出有功功率及无功功率存在较大的二倍频振荡。

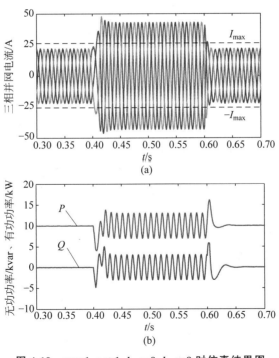

图 4-19 $m=1$、$n=1$、$k_1=0$、$k_2=0$ 时仿真结果图

(a)并网电流;(b)输出功率

图 4-20(a)表示当调节参数为 $m=1$、$n=1$、$k_1=1$、$k_2=1$ 时,即控制目标为使得逆变器输出有功功率恒定时并网电流波形图,可以看出,当电网发生不对称故障时,逆变器输

出电压及电流都会存在不平衡现象,将调节参数设置为 $m=1$、$n=1$、$k_1=1$、$k_2=1$ 无法有效抑制输出电流不平衡。同时,由图 4-20(b)可以看出,将调节参数设置为 $m=1$、$n=1$、$k_1=1$、$k_2=1$ 尽管能够使得输出有功功率恒定,但无法有效抑制输出无功功率二倍频振荡。

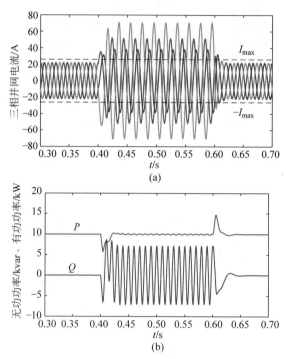

图 4-20 $m=1$、$n=1$、$k_1=1$、$k_2=1$ 时仿真结果图

(a) 并网电流;(b) 输出功率

图 4-21(a)表示当调节参数为 $m=1$、$n=1$、$k_1=-1$、$k_2=-1$ 时,即控制目标为使得逆变器输出无功功率恒定时并网电流波形图,可以看出,将调节参数设置为 $m=1$、$n=1$、$k_1=-1$、$k_2=-1$ 同样无法有效抑制逆变器输出电流不平衡,同时其最大电流峰值大大超过逆变器所允许的最大电流值。从图 4-21(b)可以看出,将调节参数设置为 $m=1$、$n=1$、$k_1=-1$、$k_2=-1$ 可以实现无功功率恒定,但是无法保持有功功率恒定。

图 4-22(a)表示当调节参数为通过粒子群优化算法求解出的 $m=0.6$、$n=0.2$、$k_1=0.1$、$k_2=0.3$ 时并网电流波形图,可以看出,所提控制策略能够将逆变器输出电流限制在所允许的最大电流范围内,同时逆变器输出三相电流能够达到近似平衡。图 4-22(b)为逆变器输出有功功率及无功功率波形图,可以看出,所提控制策略能够同时抑制逆变器输出有功功率二倍频振荡及无功功率二倍频振荡。

表 4-3 为不同调节参数下系统的最大电流波动以及对应的 abc 三相的电流峰值。由表 4-3 可以看出,采用本节所提控制策略能够尽可能地降低电流的波动范围,同时能够有效控制输出三相电流平衡。

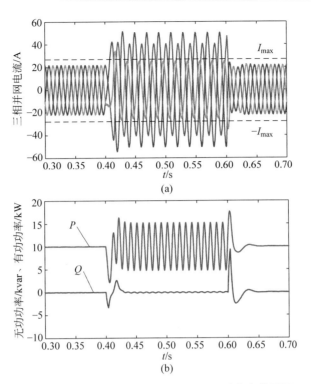

图 4-21　$m=1$、$n=1$、$k_1=-1$、$k_2=-1$ 时仿真结果图

（a）并网电流；（b）输出功率

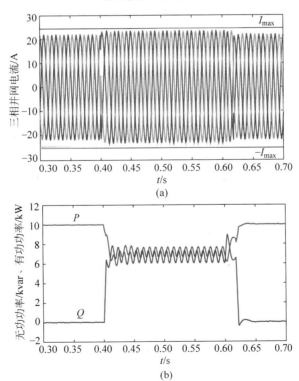

图 4-22　$m=0.6$、$n=0.2$、$k_1=0.1$、$k_2=0.3$ 时仿真结果图

（a）并网电流；（b）输出功率

表 4-3　系统的运行状态及其输出性能

调节参数	电网电压不平衡时最大电流波动/A	最大电流峰值/A		
		a 相	b 相	c 相
$m=1$、$n=1$、$k_1=0$、$k_2=0$	4.3	36.2	36.9	40.5
$m=1$、$n=1$、$k_1=1$、$k_2=1$	21.6	31.8	40.8	53.4
$m=1$、$n=1$、$k_1=-1$、$k_2=-1$	18.6	23.7	36.1	42.3
$m=0.6$、$n=0.2$、$k_1=0.1$、$k_2=0.3$	3.9	36.7	37.2	40.6

4.4　本章小结

本章针对在并网过程中需要准确检测电网电压的相位及频率才能有效并网的问题,对比分析了单同步参考坐标系锁相环(SRF-PLL)技术、改进型单同步参考坐标系锁相环(SRF-MPLL)技术及解耦双同步参考坐标系锁相环(DDSRF-PLL)技术,以此来解决在电网电压不平衡下电网电压相位及频率的检测问题,最终采用解耦双同步参考坐标系锁相环技术对电网电压的频率及相位进行检测。另外,针对传统控制策略无法同时满足控制逆变器输出三相电流平衡、抑制有功功率振荡以及无功功率振荡的问题,本章提出了一种基于粒子群优化算法的并网逆变器输出电流质量/功率协调控制策略。仿真分析与结果表明,本章所提控制策略能够有效抑制逆变器输出有功功率及无功功率二倍频振荡,控制逆变器输出三相电流平衡,显著提升了并网逆变器对电网电压不平衡情况的适应能力。

参考文献

[1]　鲁泽凯.电网电压跌落下光伏 VSG 综合控制策略研究[D].西安:西安理工大学,2020.

[2]　年珩,教焕宗,孙丹.基于虚拟同步机的并网逆变器不平衡电压灵活补偿策略[J].电力系统自动化,2019,43(3):123-133.

[3]　桂石翁,吴芳,万山明,等.变虚拟空间矢量的三电平 NPC 变换器中点电位平衡控制策略[J].中国电机工程学报,2015,35(19):5013-5021.

[4]　朱晓雨,王丹,彭周华,等.三相电压型逆变器的延时补偿模型预测控制[J].电机与控制应用,2015,42(9):1-7.

[5]　回楠木,王大志,李云路.基于复变陷波器的并网锁相环直流偏移消除方法[J].电工技术学报,2018,33(24):263-272.

[6]　雷芸,肖岚,郑昕昕.不平衡电网下无锁相环三相并网逆变器控制策略[J].中国电机工程学报,2015,35(18):4744-4752.

[7]　田桂珍,王生铁,刘广忱,等.风力发电系统中电网同步改进型锁相环设计[J].高电压技术,2014,40(5):1546-1552.

[8]　文武松,张颖超,王璐,等.解耦双同步坐标系下单相锁相环技术[J].电力系统自动化,2016,40(20):114-120.

[9]　CASTILLA M,MIRET J,SOSA J L,et al. Grid-fault control scheme for three-phase photovoltaic inverters with adjustable power quality characteris-tic[J]. IEEE Transactions on Power Electronics,2010,25(12):2930-2940.

[10]　王萌,夏长亮,宋战锋,等.不平衡电网电压条件下 PWM 整流器功率谐振补偿控制策略[J].中国电机工程学报,2012,32(21):46-53.

[11]　GIRI S K,BANERJEE S,CHAKRABORTY C. An improved modulation strategy for fast capacitor voltage balancing of three-level NPC inverters[J]. IEEE Transactions on Industrial Electronics,2019, 66(10):7498-7509.

[12]　贾冠龙,李冬辉,姚乐乐.改进有限集模型预测控制策略在三相级联并网逆变器中的应用[J].电网技术,2017,40(1):259-264.

[13]　郭小强,邹伟扬,漆汉宏.电网电压畸变不平衡情况下三相光伏并网逆变器控制策略[J].中国电机工程学报,2013,33(3):22-28.

[14]　GUO X Q,LIU W Z,ZHANG X,et al. Flexible control strategy for grid-connected inverter under unbalanced grid faults without PLL[J]. IEEE Transactions on Power Electronics,2015,30(4):1773-1778.

[15]　LAI N B,KIM K H. Robust control scheme for three-phase grid-connected inverters with LCL-filter under unbalanced and distorted grid conditions[J]. IEEE Transactions on Energy Conversion,2017:506-515.

[16]　章玮,王宏胜,任远.不对称电网电压条件下三相并网型逆变器的控制[J].电工技术学报,2010,25(12):103-110.

[17]　年珩,於妮飒,曾嵘.不平衡电压下并网逆变器的预测电流控制技术[J].电网技术,2013,37(5):1223-1229.

[18]　赵新,金新民,周飞,等.基于比例积分-降阶谐振调节器的并网逆变器不平衡控制[J].中国电机工程学报,2013,33(19):84-92.

[19]　AFSHARI E,MORADI G R,RAHIMI R,et al. Control strategy for three-phase grid connected PV inverters enabling current limitation under unbalanced faults[J]. IEEE Transactions on Industrial Electronics,2017,10(99):8908-8918.

[20]　CAMACHO A,CASTILLA M,MIRET J,et al. Flexible voltage support control for three-phase distributed generation inverters under grid fault[J]. IEEE Transactions on Industrial Electronics,2013,60(4):1429-1441.

[21]　CAMACHO A,CASTILLA M,MIRET J,et al. Flexible voltage support control for three-phase distributed generation inverters under grid fault[J]. IEEE Transactions on Industrial Electronics,2012,60(4):1429-1441.

[22]　KWAK S,PARK J C. Switching strategy based on model predictive control of VSI to obtain high efficiency and balanced loss distribution[J]. IEEE Transactions on Power Electronics,2014,29(9):4551-4567.

[23]　GUO J,JIN T,WANG M. A coordinated controlling strategy in current and power quality for grid-connected inverter under unbalanced grid voltage[C]. 2019 IEEE Sustainable Power and Energy Conference (iSPEC),2019,1183-1188.

第5章

具有建模误差补偿的离网型逆变器
多步模型预测电压控制

当新能源逆变器需要并入电网时,由于逆变器输出电压被电网电压箝位住,因此控制并网型逆变器即控制逆变器输出电流。与之不同的是,对于离网型逆变器则是将负载端的电压质量作为主控制目标,因此控制离网型逆变器即控制逆变器的输出电压[1-3]。离网型逆变器的输出电压质量在很大程度上受到交流侧负载特性的影响,当离网型逆变器运行在不平衡负载或非线性负载情况下时,负载端电压存在负序分量,从而导致负载电压存在较大的畸变率,难以满足负载端逆变器的输出电能质量要求[4-6]。

针对离网型逆变器控制中所存在的问题,本章以负载电压为控制目标,在考虑延时补偿及建模误差的基础上,针对传统模型预测电压控制策略所存在的局部最优问题,提出一种基于延时补偿及建模误差的多步模型预测离网型逆变器电压控制策略,最后,通过MATLAB/Simulink仿真平台验证所提算法的控制效果。

5.1   三电平 NPC 离网型逆变器的离散数学模型

图 5-1 为典型的离网型混合发电系统,包括光伏阵列(photovoltaic array)、永磁同步风力发电机(PMSG-based WECS)、用于储存电能的蓄电池组(battery banks)、三相三电平中性点箝位(NPC)逆变器、滤波电容、滤波电感及各种负载。

图 5-2 为新能源发电系统离网型三相三电平 NPC 逆变器的主电路拓扑结构图,逆变器输出三相电压经过 LC 滤波器后给负载提供所需的电压及电流。图 5-2 中,V_{DC} 为直流侧电压;C_1 和 C_2 为直流侧储能电容;v_{C1} 和 v_{C2} 为直流侧电容两端电压;L_f 为滤波电感;R_f 为滤波电感感抗;C_f^Y 为采用星形接法的滤波电容;Z_a、Z_b、Z_c 为负载的等效电阻,根据实际情况本章所接负载为对称线性负载、不平衡负载或者非线性负载。

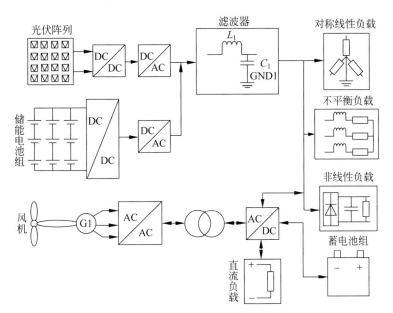

图 5-1　典型离网型混合发电系统结构图

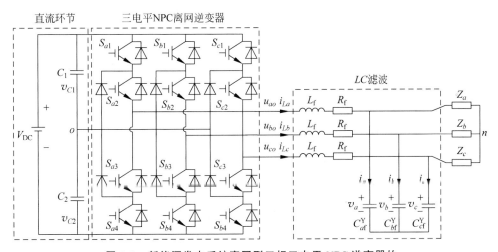

图 5-2　新能源发电系统离网型三相三电平 NPC 逆变器的
主电路拓扑结构图

根据基尔霍夫电流电压定律,三电平离网逆变器数学模型可以用下式表示:

$$
\begin{cases}
v_{o} = L_{f}\dfrac{\mathrm{d}i_{L}}{\mathrm{d}t} + R_{f}i_{L} + Z_{x}i_{L} \\[2mm]
i = i_{L} - C_{f}\dfrac{\mathrm{d}v}{\mathrm{d}t}
\end{cases}
\tag{5-1}
$$

考虑到单位矢量 $\boldsymbol{\alpha} = \mathrm{e}^{\mathrm{j}2\pi/3} = -1/2 + \mathrm{j}\sqrt{3}/2$ 代表在相间的 $120°$ 相位差,逆变器输出电压 $\boldsymbol{v}_{o}$、负载电压 $\boldsymbol{v}$、逆变器输出电流 $\boldsymbol{i}_{L}$、负载电流 $\boldsymbol{i}$ 可以由下式定义:

$$
\begin{cases}
\boldsymbol{v}_{\mathrm{o}} = \dfrac{2}{3}(v_{ao} + \boldsymbol{\alpha}\, v_{bo} + \boldsymbol{\alpha}^2 v_{co}) \\[2mm]
\boldsymbol{v} = \dfrac{2}{3}(v_a + \boldsymbol{\alpha}\, v_b + \boldsymbol{\alpha}^2 v_c) \\[2mm]
\boldsymbol{i}_L = \dfrac{2}{3}(i_{ao} + \boldsymbol{\alpha}\, i_{bo} + \boldsymbol{\alpha}^2 i_{co}) \\[2mm]
\boldsymbol{i} = \dfrac{2}{3}(i_a + \boldsymbol{\alpha}\, i_b + \boldsymbol{\alpha}^2 i_c)
\end{cases}
\tag{5-2}
$$

根据式(5-1)可以得到离网型逆变器的状态空间表达式,如下式所示:

$$
\begin{cases}
\dot{\boldsymbol{v}} = \dfrac{1}{C_{\mathrm{f}}}(\boldsymbol{i}_L - \boldsymbol{i}) \\[2mm]
\dot{\boldsymbol{i}} = \dfrac{1}{L_{\mathrm{f}}}(\boldsymbol{v}_o - \boldsymbol{v} - R_{\mathrm{f}} \boldsymbol{i}_L)
\end{cases}
\tag{5-3}
$$

将式(5-3)进行离散化,则相应的离散时间状态空间方程表达式为

$$
\begin{bmatrix} \boldsymbol{v}(k+1) \\ \boldsymbol{i}_L(k+1) \end{bmatrix} = \boldsymbol{G} \begin{bmatrix} \boldsymbol{v}(k) \\ \boldsymbol{i}_L(k) \end{bmatrix} + \boldsymbol{H} \begin{bmatrix} \boldsymbol{v}_{\mathrm{o}}(k) \\ \boldsymbol{i}(k) \end{bmatrix}
\tag{5-4}
$$

式中,$\boldsymbol{G} = \mathrm{e}^{\boldsymbol{A}T_s}$,$\boldsymbol{H} = \displaystyle\int_0^{T_s} \mathrm{e}^{\boldsymbol{A}t}\,\mathrm{d}t \cdot \boldsymbol{B}$,$T_s$ 为采样周期。

同时,忽略滤波器中的等效电阻影响,可得

$$
\boldsymbol{G} = \begin{bmatrix} g_{11} & g_{12} \\ g_{21} & g_{22} \end{bmatrix} = \begin{bmatrix} \cos m & n\sin m \\ -(1/n)\sin m & \cos m \end{bmatrix}
\tag{5-5}
$$

$$
\boldsymbol{H} = \begin{bmatrix} h_{11} & h_{12} \\ h_{21} & h_{22} \end{bmatrix} = \begin{bmatrix} 1-\cos m & -n\sin m \\ (1/n)\sin m & 1-\cos m \end{bmatrix}
\tag{5-6}
$$

式中,$n = \sqrt{L_{\mathrm{f}}/C_{\mathrm{f}}}$,$m = T_s/\sqrt{L_{\mathrm{f}}C_{\mathrm{f}}}$。

5.2　多步模型预测电压控制策略

5.2.1　传统单步模型预测电压控制的局部最优问题分析

在传统有限控制集模型预测电压控制(finite control set model predictive control,FCS-MPVC)策略的控制中只考虑寻出下一时刻的最优开关状态,即使用单步模型预测[7]。由式(5-4)可得,负载电压预测值为

$$
v^{\mathrm{p}}(k+1) = g_{11}v(k) + g_{12}i_L(k) + h_{11}v_{\mathrm{o}}(k) + h_{12}i(k)
\tag{5-7}
$$

在传统有限控制集模型预测控制(FCS-MPC)的控制周期中,在每个控制周期的开始阶段采集当前时刻(t_k 时刻)逆变器输出电压、电流信号,并将测量到的电压、电流信号代入所建立的数学模型中,从而预测出下一时刻(t_{k+1} 时刻)的负载电压预测值 $v^{\mathrm{p}}(k+1)$。同时,将逆变器输出的每一个电压矢量进行遍历寻优,从而寻出使得代价函数值最小的电压矢量最优解,并将该电压矢量对应的开关状态应用于下一时刻(t_{k+1} 时刻),从而控制各开关器件动作。然而传统 FCS-MPC 仅考虑一个控制周期内的最优开关状态选择,而不考虑该开关状态在接下去的多个控制周期内是否依然是最优开关状态,从而造成有可能存在局部最

优问题[8-9],因此传统 FCS-MPC 算法的优化过程存在一定的局限性。

图 5-3 为传统单步模型预测控制策略造成的局部最优问题的分析,由图 5-3(a)可以看出,由于单步模型预测控制算法只能寻到当前控制周期内的最优电压矢量,从而致使在多个控制周期内的电压矢量均在参考电压的一侧,使得所控制的逆变器输出电压质量较差,并且造成较大的电压电流振荡[10]。若该现象没能够及时得到控制,甚至会出现图 5-3(b)所示的发散过程,从而危害系统中的各元器件,甚至影响整个系统的正常运行。

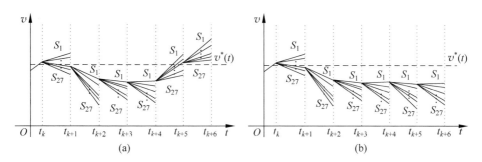

图 5-3　单步模型预测控制策略造成的局部最优问题的分析
（a）振荡过程；（b）发散过程

5.2.2　多步模型预测电压控制策略

针对传统单步 FCS-MPC 算法存在的局部最优问题,本节提出一种多步 FCS-MPC 算法,从而能够有效提高输出电能质量。该算法通过控制逆变器各开关器件动作来控制逆变器负载端输出电压,相比于传统单步 FCS-MPC 算法在一个控制周期内只选择最优开关状态,本节所提多步 FCS-MPC 算法在一个控制周期内分别寻出最优开关状态及次优开关状态,再分别以这两种开关状态为基础预测出下一时刻的逆变器输出电压[11]。最后通过对比两者的代价函数值来确定最优开关状态。

基于上述对于多步 FCS-MPC 算法的描述,结合式(5-7),下一时刻(t_{k+2} 时刻)的负载电压预测模型如下式所示:

$$v^{\mathrm{p}}(k+2)=g_{11}v(k+1)+g_{12}i_L(k+1)+h_{11}v_o(k+1)+h_{12}i(k+1) \qquad (5-8)$$

由式(5-8)可知,对于 t_{k+2} 时刻负载电压的预测值 $v^{\mathrm{p}}(k+2)$ 必须通过逆变器输出电压 $v_o(k+1)$、输出电流 $i_L(k+1)$ 以及 t_{k+1} 时刻的负载电压值 $v(k+1)$ 和负载电流值 $i(k+1)$ 来计算得到。其中,可以通过式(5-7)计算 t_{k+1} 时刻的负载电压,而 t_{k+1} 时刻的逆变器输出电压则为所有遍历寻优的 27 种开关状态所对应的逆变器输出电压。根据式(5-4)可以得到 t_{k+1} 时刻输出电流 $i_L(k+1)$,如下式所示:

$$i_L(k+1)=g_{21}v(k)+g_{22}i_L(k)+h_{21}v_o(k)+h_{22}i(k) \qquad (5-9)$$

本节所提多步 FCS-MPC 算法用于控制负载电压 $v(t)$,该算法首先测量当前时刻(t_k 时刻)的负载电压 $v(t)$、负载电流 $i(t)$,并根据数学模型估算出下一时刻(t_{k+1} 时刻)的负载电压预测值 $v^{\mathrm{p}}(k+1)$。再基于 NPC 逆变器输出的 27 种电压矢量计算出每一种电压矢量对应的 t_{k+2} 时刻的负载电压预测值 $v_i^{\mathrm{p}}(k+2)(i=1,2,\cdots,27)$,并通过代价函数寻出最接近和次接近参考电压 $v^*(k+2)$ 的两个预测值 $v_{\mathrm{min}1}(k+2)$、$v_{\mathrm{min}2}(k+2)$ 及其对应的开关状态 $S_{\mathrm{min}1}(k+$

2)、$S_{\mathrm{min}2}(k+2)$。最后,再分别将 $v_{\mathrm{min}1}(k+2)$ 及 $v_{\mathrm{min}2}(k+2)$ 代入预测模型中,得出 t_{k+3} 时刻的 54 个负载电压预测值 $v(k+3)$,通过比较 54 个负载电压预测值寻出最接近参考电压所对应的最优开关状态 $S_{\mathrm{min}1}(k+2)$ 或 $S_{\mathrm{min}2}(k+2)$,并将其运用于逆变器各个开关器件。图 5-4 所示为采用多步 FCS-MPC 算法控制的开关状态选择过程对应的负载电压数值轨迹图。

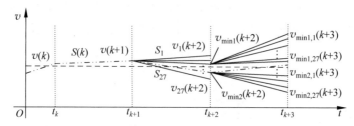

图 5-4 多步 FCS-MPC 算法控制的开关状态选择过程对应的负载电压数值轨迹图

传统 FCS-MPC 算法均是假设通过数学模型所求得的预测值即为实际测量到的控制量,并未考虑建模误差对于逆变器输出电能质量的影响,然而由于在实际控制中无法实现无误差精确建模,因此对于建模误差的忽略将会影响整个控制系统的输出性能[12-15]。为了抑制建模误差对逆变器输出性能的影响,本节提出一种考虑建模误差补偿的模型预测控制算法,其控制流程图如图 5-5 所示。为了补偿建模误差,在计算下一时刻电压预测值时加入补偿系数 a,从而将预测值进一步改善为 $x_c^{\mathrm{p}}(k)$,补偿系数 a 的计算公式为

$$a = \begin{cases} -0.5, & |x_c^{\mathrm{p}}(k) - x(k)| > 0.5 \\ 0, & |x_c^{\mathrm{p}}(k) - x(k)| \leqslant 0.5 \end{cases} \tag{5-10}$$

因此,经过建模误差补偿之后的预测值可以用下式表示:

$$x_c^{\mathrm{p}}(k+1) = x^{\mathrm{p}}(k+1) + a[x_c^{\mathrm{p}}(k) - x(k)] \tag{5-11}$$

将补偿之后的预测值 $x_c^{\mathrm{p}}(k+1)$ 及 27 种开关状态 $S_i(k+1)(i=0,1,\cdots,26)$ 代入预测模型 $f_p\{x_c^{\mathrm{p}}(k+1), S_i(k+1)\}$ 中,计算出 t_{k+2} 时刻的预测值。

由于多步 FCS-MPC 算法在寻出最优电压矢量 $\boldsymbol{v}_{\mathrm{min}1}(k+2)$ 和次优电压矢量 $\boldsymbol{v}_{\mathrm{min}2}(k+2)$ 之后需要根据预测模型再分别进行 27 次寻优计算,从而得到各自 27 个预测值 $\boldsymbol{v}_{\mathrm{min}1i}^p(k+3)$ 和 $\boldsymbol{v}_{\mathrm{min}2i}^p(k+3)(i=0,1,\cdots,26)$,因此控制器的计算量将会极大地增加。为此,与第 4 章相同,本章依旧采用基于分扇区判断的 FCS-MPC 策略。该方法利用空间矢量调制原理,将三相三电平 NPC 输出的 27 种空间电压矢量划分为 6 个扇区,根据参考电压所在扇区位置,在寻优过程中只需将该扇区内所包含的电压矢量代入代价函数中进行评估,从而大大减小了计算量,避免了延时问题。

通过分扇区原理可以看出,每个扇区包含 6 个电压矢量及 10 个开关状态,与传统三电平 NPC 模型预测控制需要在滚动寻优中计算 27 种开关状态相比,采用分扇区的方法能够大大降低控制器的运算量[16-20]。本节所提出的多步 FCS-MPC 算法的控制框图如图 5-6 所示,可以描述为:

(1) 该算法控制框图的主电路包含整流器、NPC 逆变器、LC 滤波电路和负载 4 个部分。由式(5-7)可知,首先需要采样当前时刻(t_k 时刻)负载侧电压 $\boldsymbol{v}(k)$、经过 LC 滤波后的输出负载侧电流 $\boldsymbol{i}(k)$ 以及逆变器输出电流 $\boldsymbol{i}_L(k)$。

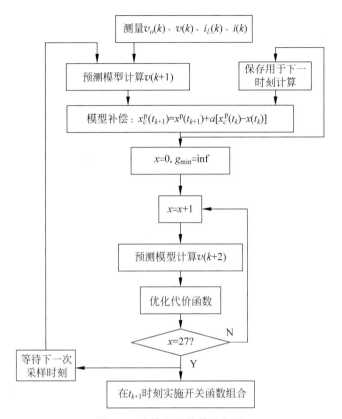

图 5-5　建模误差补偿流程图

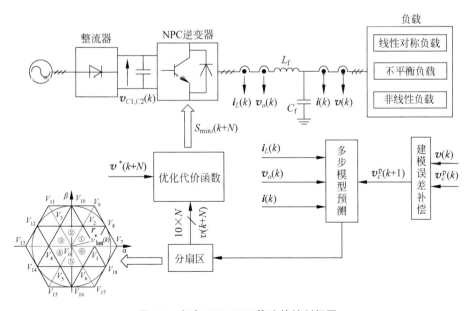

图 5-6　多步 FCS-MPC 算法的控制框图

（2）根据上一时刻（t_{k-1}时刻）模型预测控制代价函数所寻出的开关状态$\boldsymbol{v}_o(k)$控制相应的开关动作。

（3）在建模误差补偿模块中，根据式（5-7）求解出下一时刻（t_{k+1}时刻）的负载电压预测值$\boldsymbol{v}^p(k+1)$，再由式（5-11）求解出建模误差补偿之后的负载电压预测值$\boldsymbol{v}_c^p(k+1)$。

（4）在估算出下一时刻（t_{k+1}时刻）负载电压预测值的基础上，通过多步模型预测和三相三电平逆变器的27种开关状态，用分扇区的方式进行在线寻优，计算出t_{k+2}时刻的负载电压预测值$\boldsymbol{v}(k+2)$，并保存使代价函数最小和次小的电压预测值$\boldsymbol{v}_{\min1}^p(k+2)$和$\boldsymbol{v}_{\min2}^p(k+2)$以及它们对应的两组开关状态$S_{\min1}(k+2)$和$S_{\min2}(k+2)$。

（5）在求得$\boldsymbol{v}_{\min1}^p(k+2)$和$\boldsymbol{v}_{\min2}^p(k+2)$的基础上，再根据模型预测控制算法分别将三相三电平逆变器所产生的27种输出电压矢量代入所建立的数学模型中，得到各自27个预测值$\boldsymbol{v}_{\min1i}^p(k+3)$和$\boldsymbol{v}_{\min2i}^p(k+3)$，$i=1,2,\cdots,27$；然后将其分别代入所建立的代价函数中，并求出相应代价函数的最小值$g_{11\min}$和$g_{12\min}$。

（6）对所寻出的两个代价函数最小值$g_{11\min}$及$g_{12\min}$进行比较，得出最小的代价函数值，并根据其对应的开关状态$S_{\min1}(k+2)$或$S_{\min2}(k+2)$来控制NPC逆变器的开关动作。

5.3　仿真验证与分析

为了验证5.2节所提多步模型预测离网逆变器控制策略的正确性，通过MATLAB/Simulink对其进行仿真分析，仿真参数如表5-1所示。同时，分别在稳态和暂态分析中考虑以下两种负载情况，从而验证不同负载情况下所提控制策略的有效性。

（1）对称线性负载：$R_a=R_b=R_c=10\ \Omega$。

（2）不平衡负载：$R_a=10\ \Omega$、$R_b=15\ \Omega$、$R_c=20\ \Omega$、$L_a=1\ \mathrm{mH}$、$L_b=1.5\ \mathrm{mH}$、$L_c=2\ \mathrm{mH}$。

表 5-1　离网型三电平 NPC 逆变器仿真参数

参　　数	数　　值
直流侧电压 V_{DC}	330 V
直流侧电容 C_1、C_2	4400 μF
滤波电感 L_f 和电阻 R	30 mH/0.1 Ω
滤波电容 C_f	50 μF
参考负载电压幅值 v^*	$220\sqrt{2}$ V
参考负载电压频率 f	50 Hz
权重系数 λ_{DC}、λ_n	0.1/0.01
功率调节系数 k	1
采样频率 T_s	10 kHz

5.3.1　稳态分析

图 5-7(a)为接对称线性负载时采用传统方案的负载电压波形图，图 5-7(b)为同样接对称线性负载时采用本章所提方案的负载电压波形图。由图 5-7(a)、(b)可以看出，当负

载为对称线性负载时相比于传统单步模型预测控制策略,本章所提的考虑建模误差的多步 FCS-MPC 策略能够输出幅值和频率恒定的输出电压,即能够较好地跟踪参考电压,从而起到良好的跟踪效果。因此,将所提控制方案运用于离网型逆变器时能够输出良好的电能质量。

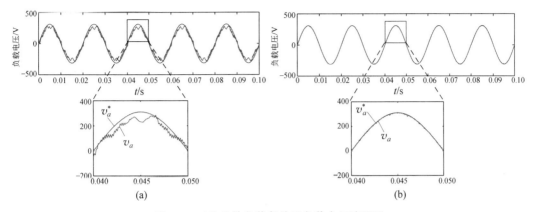

图 5-7　对称线性负载条件下负载电压波形图

(a)单步模型预测控制策略；(b)本章所提控制策略

图 5-8(a)为接不平衡负载时采用传统方案的负载电压波形图,图 5-8(b)为同样接不平衡负载时采用本章所提方案的负载电压波形图。从图 5-8(a)可以看出,在不平衡负载条件时采用传统方案将会导致输出电压畸变,输出电压跟踪性能大大下降,从而影响输出电能质量。由图 5-8(b)可以看出,5.2 节所提多步模型预测方案在不平衡负载条件下依然能够保证输出电压跟踪性能,确保输出电压不会发生较大的畸变,防止输出电能质量恶化。

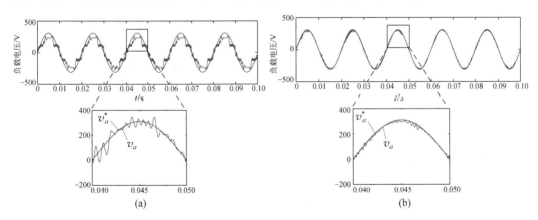

图 5-8　不平衡负载条件下负载电压波形图

(a)单步模型预测控制策略；(b)本章所提控制策略

5.3.2　暂态分析

为验证所提方案的动态响应能力,分别考虑当参考电压幅值发生阶跃变化时在所提方案的控制下负载电压波形图以及当平衡负载切入、切出时负载电压的波形图。图 5-9 为当

参考电压幅值发生阶跃变化时负载电压波形图,可以看出,所提多步模型预测控制方案在
0.05 s 时参考电压幅值增大为原来幅值的 2 倍时依然能够有效地跟踪参考电压,输出电压
未出现较大的畸变,输出电能质量未受到明显的影响。图 5-10 为在 0.03 s 时将负载切入及
在 0.07 s 时将负载切出时三相负载电流波形图,可以看出,在负载切入、切出瞬间三相负载
电流会有一定程度的激增,但随后快速恢复到平衡状态,在负载切入、切出条件下所提控制
方案依然能够有效输出三相电流,保证了输出的电能质量。

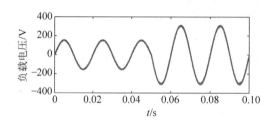

图 5-9　参考电压幅值阶跃变化下所提控制策略的负载电压波形图

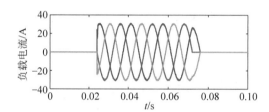

图 5-10　负载切入、切出时三相负载电流波形图

表 5-2 和表 5-3 分别为对称线性负载、不平衡线性负载条件下负载电压的 THD 值及跟
踪误差。

表 5-2　对称线性负载条件下负载电压的 THD 值及跟踪误差

运行状态	控制策略	THD/%			电压跟踪误差/%		
		a 相	b 相	c 相	a 相	b 相	c 相
参考电压不变情况	传统单步预测控制	1.42	1.39	1.43	1.46	1.69	1.93
	本章所提控制	0.78	0.76	0.79	0.76	1.09	1.09
参考电压突变情况	传统单步预测控制	1.68	1.71	1.56	1.67	2.67	1.84
	本章所提控制	1.02	0.98	1.13	0.95	1.89	1.80

表 5-3　不平衡线性负载条件下负载电压的 THD 值及跟踪误差

运行状态	控制策略	THD/%			电压跟踪误差/%		
		a 相	b 相	c 相	a 相	b 相	c 相
参考电压不变情况	传统单步预测控制	1.59	1.64	1.56	1.65	1.87	1.85
	本章所提控制	0.86	0.85	0.87	0.85	1.30	1.30
参考电压突变情况	传统单步预测控制	2.14	2.32	2.57	1.97	2.54	1.98
	本章所提控制	1.65	1.87	2.00	1.60	2.49	1.96

5.4　本章小结

　　针对传统离网型逆变器控制方案在不平衡负载时输出电压畸变较为严重,输出电能质量大大降低的问题,本章提出了一种考虑延时补偿及建模误差的多步模型预测控制策略,结合分扇区原理对控制策略的算法进行了简化,减小了控制器的计算量。仿真结果分析表明,本章所提方法能够有效保证当负载为不平衡负载时输出电压幅值和频率恒定,相比于传统单步模型预测控制算法,本章所提方法减少了局部最优问题导致逆变器输出电能质量下降的问题。同时,如何进一步提高控制精度,并且考虑开关器件中存在的死区时间问题将是下一步所要研究的重点。

参考文献

［1］　曾嵘,年珩.离网型风力发电系统逆变器控制技术研究[J].电力电子技术,2010,44(6):5-6,12.

［2］　年珩,曾嵘.分布式发电系统离网运行模式下输出电能质量控制技术[J].中国电机工程学报,2011,31(12):22-28.

［3］　章丽红.基于重复和 PI 控制的光伏离网逆变器的研究[J].电力电子技术,2012,46(3):33-35.

［4］　牛志强.光伏发电系统中离网逆变器的研究[D].杭州:浙江大学,2012.

［5］　SIAMI M,KHABURI D A,RODRIGUEZ J. Simplified finite control set-model predictive control for matrix converter-fed PMSM drives[J]. IEEE Transactions on Power Electronics,2018,33(3):2438-2446.

［6］　LIN C,LIU T,YU J,et al. Model-free predictive current control for interior permanent-magnet synchronous motor drives based on current difference detection technique[J]. IEEE Transactions on Industrial Electronics,2014,61(2):667-681.

［7］　王永辉,何帅彪,冯瑾涛,等.考虑中点电压平衡的三相四开关变换器模型预测电压控制[J].电力系统保护与控制,2019,47(12):31-39.

［8］　CORTES P,RODRIGUEZ J,VAZQUEZ S,et al. Predictive control of a three-phase UPS inverter using two steps prediction horizon[C]. Proceedings of the IEEE International Conference on Industrial Technology,March 14-17,2010. IEEE,2010.

［9］　YARAMASU V,WU B,RIVERA M,et al. Cost-function based predictive voltage control of two-level four-leg inverters using two step prediction horizon for standalone power systems[C]. 2012 Twenty-Seventh Annual IEEE Applied Power Electronics Conference and Exposition (APEC),March 09,2012. Orlando:IEEE,2012.

［10］　JIN T,SHEN X,SU T,et al. Model predictive voltage control based on finite control set with computation time delay compensation for pv systems[J]. IEEE Transactions on Energy Conversion,2019,34(1):330-338.

［11］　SAJADIAN S,AHMADI R. Model predictive control of dual-mode operations z-source inverter:islanded and grid-connected[J]. IEEE Transactions on Power Electronics,2018,33(5):4488-4497.

［12］　雷晓犇,李雪丰,王传奇,等.新型逆变器有限集模型预测控制误差补偿策略[J].电力电子技术,2018,52(9):23-26.

［13］　沈坤,章兢.具有建模误差补偿的三相逆变器模型预测控制算法[J].电力自动化设备,2013,33(7):86-91.

［14］ 丁雄，林国庆.三相并网逆变器的改进模型预测控制研究[J].电气技术,2020,21(3)：16-21.

［15］ ZHANG Y,XIE W. Low complexity model predictive control single vector-based approach[J]. IEEE Transactions on Power Electronics,2014,29(10)：5532-5541.

［16］ 张虎，张永昌，刘家利，等.基于单次电流采样的永磁同步电机无模型预测电流控制[J].电工技术学报,2017,32(2)：180-187.

［17］ ABOELSAUD R,AI-SUMAITI A S,IBRAHIM A,et al. Assessment of model predictive voltage control for autonomous four-leg inverter[J]. IEEE Access,2020,8：101163-101180.

［18］ 栗向鑫，韩俊飞，梁倍华，等.面向单相微电网的双模式并联逆变器协调控制方法[J].电力系统自动化,2017,41(16)：130-136.

［19］ 张庆海，罗安，陈燕东，等.并联逆变器输出阻抗分析及电压控制策略[J].电工技术学报,2014,29(6)：98-105.

［20］ 李志华，曾江，黄骏翅，等.基于线性自抗扰控制的微网逆变器时-频电压控制策略[J].电力系统自动化,2020,44(10)：145-154.

第6章

轨道交通贯通式同相供电技术

6.1 贯通式同相供电系统结构

铁路运输承担着重要的客运和货运任务,在当今国民经济中扮演着不可或缺的角色。现行的高速铁路的牵引动力一般为电力牵引,列车速度快,运输量大,要求供电容量大、安全性高。然而现有的铁路供电方式存在电分相环节,机车需要通过退级、断电,并依靠惯性通过电分相环节,来限制列车的运行速度。目前我国高速铁路运行大功率的交-直-交的电力机车,机车正常运行时产生的电力负荷为非线性负荷,会把不同次的谐波电流注入牵引供电系统,从而影响系统的正常运行。现有牵引供电系统的线路不对称,系统中会产生负序电流,这会增加电力系统的功率,影响系统中电动机、继电保护等装置,从而使负序问题更加突出[1]。

为了解决牵引供电系统存在的问题,可以采用同相供电系统,即在铁路的全线路采用相同相位的单相供电。如果能在同一线路或局界内贯通,则能最大限度地取消电分相,从而有利于重载和高速牵引[2]。同相牵引供电系统是一种新型电气化铁路供电系统,通过牵引变电所在列车运行线路上供给机车相同相位的单相交流电,使牵引变压器原边(电压输入侧)不再需要轮换,同时可以取消供电系统中的电分相装置,有效地解决谐波、无功和三相不平衡等电能质量问题[3],从而人人提高了列车的运行效率和供电系统的可靠性。

目前,国外采用同相供电的国家主要为德国[4]。德国牵引供电系统主要包括两种:集中式牵引供电系统和分散式牵引供电系统。集中式牵引供电系统是由铁路专用电厂通过110 kV 架空输电网将 16.7 Hz 电能输送到牵引变电所,降至 15 kV 并输送到供电臂。分散式牵引供电系统是由牵引变电所首先将公用电网 110 kV 降至 6.3 kV,由同步电动机带动单相同步发电机发出 5.1 kV、16.7 Hz 的单相交流电能,再升至 15 kV 并输送到供电臂。集中式和分散式牵引供电系统均不存在电分相,且均能够为列车安全、可靠地供电;其主要缺点是这种 15 kV、16.7 Hz(非工业频率)的供电制式与世界各国广泛采用的 25 kV、50 Hz(工业频率)的供电制式无法兼容。

国内研究的牵引供电系统主要是基于有源滤波器实现同相供电，也称为三相-单相对称补偿系统[5-11]。

图 6-1 为三相-单相对称补偿系统示意图。在这种同相供电方案中，有源补偿装置(active power compensator, APC)的核心部分是有源滤波器，它由补偿电流生成电路、电流跟踪控制电路和主电路(包括驱动电路)构成[12]。补偿电流生成电路的核心是检测出补偿对象电流中谐波、无功和不平衡电流等分量，故也称为补偿电流检测电路。电流跟踪控制电路的作用是根据补偿电流生成电路指令信号产生相应的 PWM 控制脉冲。主电路主要是由三相变流器构成。三相-单相对称补偿系统的工作原理是，检测补偿对象的电压和电流，经补偿电流生成电路得到补偿电流指令信号，再经电流跟踪控制电路产生 PWM 控制脉冲，通过驱动电路控制主电路产生补偿对象所需要的综合补偿电流。当有源滤波器提供负载所需的基波无功电流、负序电流和谐波电流时，电源仅提供负载所需的基波有功电流，该电流与电源各相的电压同相位且三相对称，此时，电源仅提供负载所需的有功功率，系统达到了同相供电及平衡变换的目的。

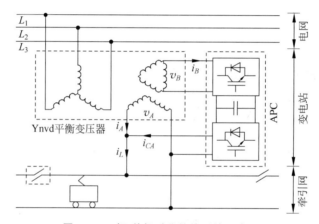

图 6-1   三相-单相对称补偿系统示意图

该系统具有以下优点[13]：

(1) 由于对称补偿装置作用，该系统可以完全消除系统不平衡，滤除部分谐波并补偿无功。该系统使变化剧烈、含有大量谐波、低功率因数的不对称单相牵引负荷，对电力系统而言仅相当于一个纯阻性的三相对称负荷。

(2) 该系统可以最大限度地提高变压器容量的利用率，常规的供电系统除单相变压器外，无论是接 YNd11 变压器，还是接平衡变压器，在实际中其容量都不能得到充分利用。

(3) 该系统各变电所结构和接线完全相同，一次系统不存在换相连接，牵引侧各供电臂电压相同，从而可取消分相绝缘器，省去自动过分相装置，消除了高速列车过电分相所存在的安全隐患，适宜高速铁路运行，同时由于各变电所结构和接线完全相同，因此便于系统运行和维护。

相比于传统的牵引供电系统而言，同相供电系统有很多优点，该系统能实现负序、无功及谐波的综合治理与补偿，但是分区所处的两侧虽为同相电压，但正常运行时却不能贯通[14-15]。随着电力电子及相关控制理论的发展，使用贯通式同相供电技术的贯通式同相供电方式引起人们越来越多的关注，此供电方式有望解决高速、重载电气化铁路负序、电分相等电能质量问题,是理想有效、灵活性高、可操控性强的新型供电方式。

　　贯通式同相供电系统是在牵引变电所内进行三相交流-直流-单相交流变换,利用直流环节的转换与隔离,形成了独立于公用电网的供电网络[16]。这种系统在分区所只需要设置分段绝缘器,不需要设分相绝缘器。贯通式同相供电系统结构如图 6-2 所示。

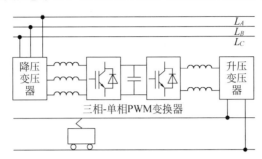

图 6-2　贯通式同相供电系统结构

　　贯通式同相供电系统中,牵引变电所的核心是基于电力电子装置的三相-单相变换器,该变换器主要包括三相整流器、中间直流环节和单相逆变器。相对于同相供电系统,贯通式同相供电系统有以下优点[17-18]:

　　(1) 由于整流器和逆变器均采用可控器件,因此各模块可以四象限模式工作,即本章中的贯通式同相供电系统结构既可以从三相电网吸收并向牵引网提供有功功率,也可以从牵引网吸收并向三相电网回馈有功功率。另外,多电平单相逆变器也可为牵引网提供无功和谐波补偿功能。

　　(2) 由于变流器输出电压相位、频率和幅值完全可控,因此可以根据供电臂的电压信息调整逆变器输出的电压相位、频率和幅值,使之满足并网要求,为相邻变电所牵引供电实现贯通供电提供可能性。

6.2　贯通式同相供电系统工作原理

　　贯通式同相供电系统由与之相连的三相电网接入的输入降压变压器和与之输出端相连的电力电子变换装置组成,该电力电子变换装置级联一个以上的交-直-交变流器,级联的低电压等级的电力电子变换装置直接连接牵引网,输出机车等负载需要的交流电压,邻近变电所的牵引网直接相连,形成贯通牵引供电网络;上述电力电子变换装置主要由三相整流电路、辅助直流稳压电路、单相逆变电路和输入/输出连接电抗器组成。

　　整流器从三相交流侧吸收有功电流并将其变换为直流,再通过单相逆变器输出单相交流电压,为牵引负载提供无功和有功电流。由于三相整流器和单相逆变器都可以运行在四象限内,因此三相-单相 PWM 变流器能够同时平衡分配三相侧系统的有功电流,同时控制输出侧电压频率、相位和幅值,彻底解决牵引供电系统对三相电网的电能质量和牵引网本身的电分相问题。

　　贯通式同相供电系统是高电压等级的大功率系统,为了得到足够的电压等级,除了采用大功率的开关半导体器件,必然要采用多电平技术以达到降低对单个半导体器件的要求。多电平技术是指多电平逆变器通常包含一组功率半导体器件和电容器电压源,通过诸个开关切换,使电容器上诸个电压互相叠加,输出高电压,而功率半导体器件只需承受较低的电压[19]。

与传统两电平/三电平变换拓扑相比,多电平电路主要有以下优点:

(1)由于输出电平数量多,多电平电路输出波形更接近于正弦波形,输出电压、电流的质量更高,谐波畸变更少。

(2)单个功率半导体器件需承受的电压小,适用于大功率场合。

(3)在相同输出波形要求下,多电平电路所需开关频率更低。

多电平变流器拓扑主要有二极管箝位型多电平拓扑、飞跨电容多电平拓扑以及级联 H 桥多电平拓扑,如图 6-3 所示。

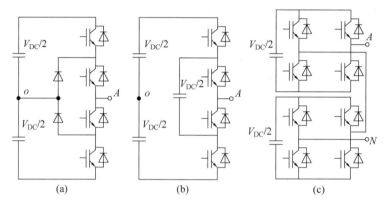

图 6-3　三种多电平变流器拓扑

(a)二极管箝位型多电平拓扑;(b)飞跨电容多电平拓扑;(c)级联 H 桥多电平拓扑

与其他两种拓扑相比,飞跨电容多电平拓扑在工业上应用较少[20]。造成这种情况的主要原因是为了保持箝位电容的平衡,飞跨电容多电平变流器需要很高的开关频率(大于 1200 Hz),而大功率变流器在实际应用中的开关频率被限制在 500~700 Hz。另外,电容箝位型变流器在起动时还需要初始化飞跨电容的电压,这给实际应用制造了更多的困难。

目前,应用最广泛的是二极管箝位型变流器[21],多为三电平。这种结构的变流器结构简单,需要的功率半导体器件及箝位电容最少。它的输出电压、电流质量相对于传统的两电平电路有了很大的改进。相对于级联 H 桥多电平拓扑,二极管箝位型拓扑更适用于背靠背变流器的应用。因为在背靠背变流器的应用中,采用级联 H 桥多电平拓扑时需要的设备量将远多于采用二极管箝位型拓扑时的。

二极管箝位型拓扑在理论上能扩展到任意多电平,以达到更高的电压等级。但扩展到的电平数越多意味着需要的设备数量越多,带来的功率损失也越多。其次,二极管箝位型拓扑需要大量的箝位二极管串联以保证在高电压等级下不被击穿,这就增加了传导损失,在开关通断期间产生的反向恢复电流会加重开关损失。最后,采用二极管箝位型拓扑时保持直流侧电容电压的平衡变得更加困难,需要增加另外的电路或者采用特殊的调制方式。因此,在选择二极管箝位型变流器的电平数时,需要在输出电压、电流质量与所需成本之间作出折中处理。当前学者们研究最多的是五电平二极管箝位型电路。

级联 H 桥多电平拓扑更适用于高电压及大功率拓扑,级联 H 桥多电平拓扑的模块化结构使它能以低电压等级的功率半导体实现高电压输出。目前,级联 H 桥多电平变流器的最大问题是,相对于二极管箝位型变流器,它需要的设备过多,造价昂贵。

基于三种基本的多电平电路,学者们针对不同应用场合还提出了多种不同类型的多电平新拓扑,如模块化多电平换流器、复合电平混合多电平单元、不对称混合多电平单元和多电平电压源拓扑等。其中模块化多电平换流器(modular multilevel converter,MMC)通过子模块级联结构避免了多个大功率电力电子开关的直接串联,模块化的结构便于生产制造和维护,扩展性强,同时具有谐波含量少、开关频率低等优点,其基本拓扑如图 6-4 所示。这种新型的拓扑结构为基于电压源型换流器的高压直流输电技术带来了更快速的发展,在近十几年来引起了学术界和工业界的广泛关注。上述的各种新拓扑还需更多研究来完善其性能及寻找其适合的控制方式。

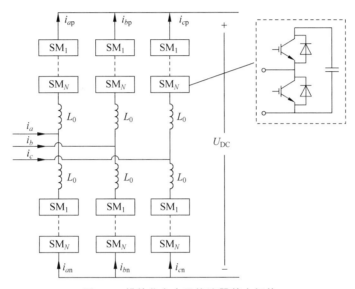

图 6-4　模块化多电平换流器基本拓扑

6.3　静止电能变换器的控制方案设计

贯通式同相供电系统结构既可以从三相电网吸收并向牵引网提供有功功率,也可以从牵引网吸收并向三相电网回馈有功功率。图 6-5 可实现图 6-1 中三相-单相变流器单元的两电平交-直-交变流器结构。该结构主要包括三相 PWM 变换电路、直流电容和单相 PWM 变换电路。由于 PWM 变流器在合适的控制方法下可工作在整流、逆变状态下,因此,图 6-5 的双 PWM 变流器结构既可为牵引负荷提供能量,也可将牵引网的能量反馈回电网,实现能量的双向流动。

1. 三相整流器控制

在 PWM 整流器的各种不同的控制方式中,电压外环和电流内环的双闭环控制策略具有物理意义清晰、控制结构简单和控制性能优良等优点。事实上,实用化的 PWM 整流装置绝大多数采用这种控制方法。

借用电机控制中坐标变换的观点,在两相旋转坐标系中,将 d 轴与 q 轴分别视作复平面的实、虚两轴,则电压、电流可以表示为

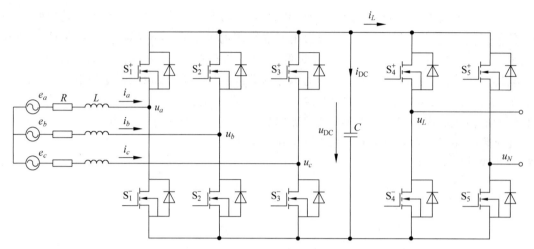

图 6-5 贯通式同相供电系统三相-单相变流器结构示意图

$$u = u_d + ju_q \tag{6-1}$$

$$i = i_d + ji_q \tag{6-2}$$

采用等幅值坐标变换将三相 PWM 整流器的数学模型变换到两相旋转坐标系 dq 轴下,可以得到如下表达式[22-23]:

$$\begin{cases} L\dfrac{\mathrm{d}i_d}{\mathrm{d}t} = E_d + \omega Li_q - Ri_d - u_d \\[2mm] L\dfrac{\mathrm{d}i_q}{\mathrm{d}t} = E_q - \omega Li_d - Ri_q - u_q \\[2mm] C\dfrac{\mathrm{d}u_{\mathrm{DC}}}{\mathrm{d}t} = \dfrac{3}{2}(i_d S_d + i_q S_q) - i_L \end{cases} \tag{6-3}$$

其中,E_d 和 E_q 分别为 d、q 轴下的电网电压;L 为三相输入侧的串联电感;R 为线路等效电阻;ω 为电网角频率;u_d、u_q 和 i_d、i_q 分别为 u_a、u_b、u_c 和 i_a、i_b、i_c 在 dq 轴下的电压和电流;S_d 和 S_q 为单极性二值逻辑开关函数,由 $S_x(x=a,b,c)$ 经过 dq 变换而来,S_x 代表每个桥臂的开关状态。

基于同步旋转 dq 坐标系下的有功功率和无功功率表达式为

$$\begin{cases} P = \dfrac{3}{2}(E_d i_d + E_q i_q) \\[2mm] Q = \dfrac{3}{2}(E_d i_d - E_q i_q) \end{cases} \tag{6-4}$$

取电网电压合成矢量的位置与实轴 d 位置重合,则 $E_q = 0$,得到有功功率和无功功率表达式为

$$\begin{cases} P = \dfrac{3}{2}E_d i_d \\[2mm] Q = -\dfrac{3}{2}E_d i_q \end{cases} \tag{6-5}$$

在 E_d 不变的情况下,控制 i_d、i_q 的大小就能实现对有功功率、无功功率的控制。因此,要实现单位功率因数控制,只要通过系统给定无功功率 $Q^* = 0$,即 $i_q^* = 0$。根据上述分析,

可将三相整流器双闭环控制策略中的电流内环设计成：

$$
\begin{cases}
V_d^* = -\left(K_{dP} + \dfrac{K_{dl}}{s}\right)(i_d^* - i_d) + E_d + \omega L i_q \\[2mm]
V_q^* = -\left(K_{dP} + \dfrac{K_{ql}}{s}\right)(i_q^* - i_q) + E_q + \omega L i_d
\end{cases}
\tag{6-6}
$$

电压外环的设计是为了控制直流侧电压的稳定，以直流侧电压为变量设计控制系统的功率给定为

$$
P^* = u_{DC} i_{DC}
\tag{6-7}
$$

由此可以得到三相整流器双闭环控制结构，如图 6-6 所示。

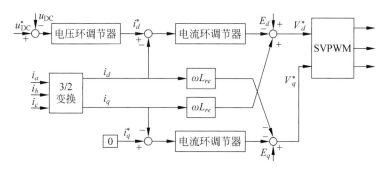

图 6-6　三相整流器双闭环控制框图

2. 单相逆变器控制

为实现变流器的四象限运行，逆变器的控制策略采用与整流器相同的双闭环控制。与三相整流器控制不同的是单相侧的电流解耦及有功功率的给定取值。单相逆变器输出有功电压、无功电压、有功电流以及无功电流的关系可表示为

$$
\begin{cases}
\dfrac{\mathrm{d}V_d}{\mathrm{d}t} = \omega L\ \dfrac{\mathrm{d}i_q}{\mathrm{d}t} \\[2mm]
\dfrac{\mathrm{d}V_q}{\mathrm{d}t} = -\omega L\ \dfrac{\mathrm{d}i_d}{\mathrm{d}t}
\end{cases}
\tag{6-8}
$$

单相逆变器的电流环设计为

$$
\begin{cases}
V_d = -\left(K_{dP} + \dfrac{K_{ql}}{s}\right)(i_q^* - i_q)\omega L \sin\omega t \\[2mm]
V_q = -\left(K_{dP} + \dfrac{K_{dl}}{s}\right)(i_d^* - i_d)\omega L \cos\omega t
\end{cases}
\tag{6-9}
$$

输出滤波电感的存在，导致了单相有功电压实际上受单相无功电流的控制，单相无功电压受单相有功电流的控制。单相逆变器控制框图如图 6-7 所示。

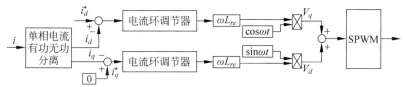

图 6-7　单相逆变器控制框图

6.4　贯通式同相供电系统仿真分析

单相逆变电路是贯通式同相供电系统与牵引供电电网的接口。PWM 逆变电路通过一定的控制算法,可以根据要求调整输出电压的幅值、相位和频率。当前变电所输出电压与邻近变电所牵引网的电压满足幅值一致、频率相同且相位同步的条件时,两个不同供电区间的牵引网就可以直接连接,实现理想的同相供电方式——贯通式同相供电系统。

通过使用 MATLAB/Simulink 软件对贯通式同相供电系统进行仿真分析。图 6-8 为仿真的主电路图,设置三相整流器交流侧的三相相电压为峰值 20 kV 的工频交流电,三相交流侧电感为 10 mH,直流侧电容为 2 mF。单相逆变器直流侧输出滤波回路电感为 10 mH,电感的内阻为 10 Ω;交流输出侧以串联电感和电容模拟实际电路中的牵引网;负载为 10 kΩ 电阻。

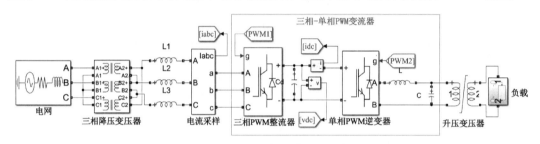

图 6-8　贯通式同相供电系统仿真图

图 6-9 为三相-单相 PWM 变流器仿真电路的三相输入侧波形。相对于以纯阻作为负载的三相整流器仿真波形,该仿真电路的直流侧电压在系统启动时存在较大的电压尖峰,原因是后级电路由电阻改成了单相 PWM 逆变器,在实际应用中会加大三相 PWM 整流器的控制难度。

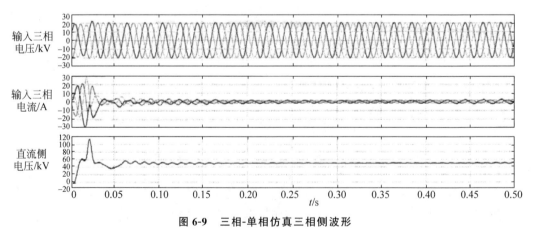

图 6-9　三相-单相仿真三相侧波形

图 6-10 为逆变器输出波形,相对于单纯的单相逆变器仿真,其输出波形变化不大,都能稳定地输出给定控制目标下的电压电流。综合图 6-9 和图 6-10 可知,该贯通式同相供电系统能够实现将牵引变电所的三相电转化为单相电的功能,将输出电压接到牵引网,实现贯通式同相供电。

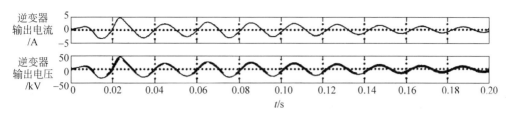

图 6-10　三相-单相仿真单相侧波形

6.5　新型柔性牵引供电系统（贯通式同相供电）

6.5.1　高原山地铁路特征

我国地域辽阔,环境多样,有些铁路建设需要跨越不同的海拔高度,地形艰险、地质复杂、气候特殊。作为缺乏有力电网支撑的电气化铁路,叠加极端恶劣的环境条件和极端困难的工程条件,对其牵引供电系统提出了严峻的挑战。根据高原山地铁路中传统供电系统的特点,总结出 4 个主要问题[24]。

第一,铁路存在长大坡道过分相问题。由于海拔落差大、大长坡道区段多和列车爬坡速度低等因素,易使列车依靠惰行通过分相区失败而引发"坡停"。同时,高原地区空气密度低、空气介质灭弧性能下降,列车过分相时容易产生长时间拉弧现象,严重烧蚀接触网和受电弓,影响行车安全。

第二,线路的牵引负荷功率存在极端变化,对供电系统供电能力提出很高挑战。为满足大坡道高速度牵引力要求,牵引变电所上坡方向供电能力要求高于一般的高铁。同时下坡方向再生功率与牵引功率大体相当。因此,该线供电系统设计需要兼顾上述两种极端工况带来的网压波动大、短时容量需求大等问题。

第三,铁路的极端复杂环境对牵引供电系统可靠性提出更高的要求。由于线路存在强震活动断裂带、高原高寒、强日照等复杂条件,运营维护、抢险救援、故障处理异常困难。此外,沿线大部分区域中压配电网较为薄弱,该铁路可能需要采用高压大电网同时直接承担牵引负荷和电力负荷供电,对包括外部电源在内的整个牵引供电系统可靠性提出了新的、更高的要求。

第四,线路的海拔跨度大,在机车爬坡和下坡过程产生的大量谐波会波及公网系统中,尤其是在地方电网容量不足够大的情况下,电能质量问题严重,电网谐波含量往往超标,可能导致电抗器等设备持续发热,绝缘性能持续恶化。

6.5.2　新型柔性牵引供电系统（贯通式同相供电）设计

结合高原山地铁路的实际需求和关键问题,根据前文所述的贯通式同相供电技术,本节提出了新型柔性牵引供电系统(贯通式同相供电)方案,如图 6-11 所示。每个牵引所包含两路高压外电源进线、两台三相变压器、多台静止功率变换器(static power converter,SPC)、一条牵引母线、两路馈线。每台 SPC 均有两路进线,分别接入两台三相变压器;一路出线,相互并联接入牵引母线处。SPC 采用三相交流-直流-单相交流的电力电子变流器,将公网三相工频电能变换为接触网单相工频电能。所有牵引所并联接入接触网,相互支援、共同供电,实现接触网全线贯通。在牵引所内或者分区所内设置多个绝缘电分段,实现接触网故障分区和隔离。

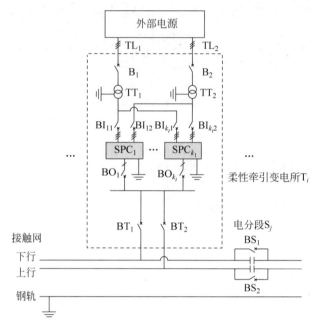

图 6-11　新型柔性牵引供电系统(贯通式同相供电)

SPC 是该柔性牵引供电系统的核心装置,采用了一种四端口模块化多电平变流器 (four-port modular multilevel converter,4P-MMC),拓扑结构如图 6-12 所示。4P-MMC 采用半桥模块,其中三个端口(a、b、c)通过变压器与公网连接,实现直流双极电压稳定控制、

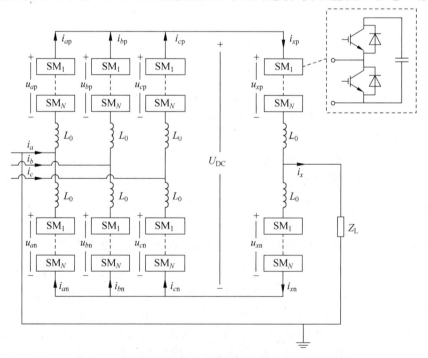

图 6-12　新型变流器拓扑:四端口模块化多电平变流器

无功功率控制(功率因数校正)等功能;第四个端口(x 相)采用交流电压控制(幅值、频率、相位),为接触网提供电压,同时前三个端口中有一端(不失一般性选取 a 相)接入地线,与 x 相共同构成负载电流回路。

该方案相对于西门子 MMDC 方案[25],解决了其无法适应输入和输出交流系统为相同频率的应用场景问题。4P-MMC 相对于五端口 MMC 方案[26],在保持两侧交流谐波特性优良、输入/输出频率解耦的特点同时,由于省去了一个端口及相应桥臂,并且减小了一个输入端口的电流应力,整体可降低 35% 的功率器件和电容器的设备投资,具有很强的经济优势和高容量利用率。

6.5.3　新型柔性牵引供电系统(贯通式同相供电)的工程验证

工程验证依托某机场线工程开展,系统主接线如图 6-13 所示。全线设两座主牵引变电所(图中只展示 A 所),一处分区所(C 所)。在每个牵引所内并联安装 2 套 SPC 设备,每套 SPC 设备输入端分别与所内两台三相变压器同座输出端口馈线相连接,输出端均通过牵引所内 27.5 kV 公共馈线并联连接。按照近期 N-2 故障、远期 N-1 故障情况下可以满足负荷需求考虑,近、远期每台 SPC 容量均选择 20 MV·A。

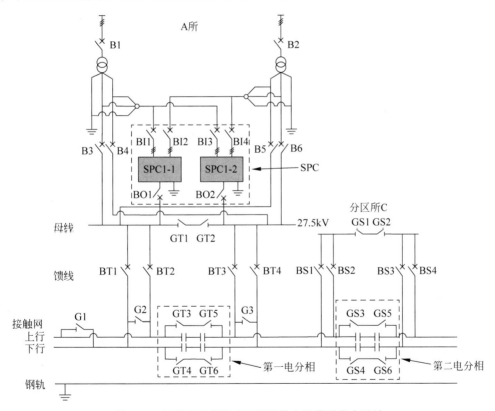

图 6-13　某机场线贯通式同相柔性交流牵引供电系统

该供电系统拥有贯通式同相供电和原先的异相供电两种模式,一般情况下采用贯通式同相供电,异相供电作为备选方案增加了系统的灵活和可靠性。每个变电所包含两台可以主备运行或并列运行的牵引变压器,主备运行时两台 SPC 同时接到牵引变压器二次侧,另一台备用防止主变压器发生故障；并列运行则是将 SPC 各自接一台牵引变压器，可以降低变压器的备用容量。在采用贯通式同相供电模式下，两台 SPC 输出 27.5 kV 的同相电压，打开断路器 B3-B6(B 所与 A 所同理，以下相同)，考虑到系统故障和使用的灵活性，该柔性交流牵引供电系统可以按 4 种方式运行。

(1) 母线贯通方式。主牵引变电所的母线隔离开关 GT1～GT2 和馈线断路器 BT1～BT4 均闭合，第一电分相结构 GT3、GT4 闭合，C 分区所的母线隔离开关 GS1、GS2 和馈线断路器 BS1～BS4 均闭合，第二电分相结构 GS3、GS4 闭合，牵引变电所和分区所的电分相隔离开关单侧旁路，实现电分相无电区带电和线路的贯通同相供电。

(2) 接触网贯通方式。当牵引变电所母线发生故障或者牵引变电所解列时，故障牵引变电所采用接触网贯通(闭合 GT3～GT6)，其他牵引变电所、分区所继续采用母线贯通，可以保证贯通式同相供电的继续供应。

(3) 单馈线带上下行线路方式。当牵引变电所上网断路器(BT1～BT4)故障时，可以采用单馈线带上下行线路方式，即断开故障的断路器，闭合相邻馈线之间的隔离开关(G2、G3)，用另一馈线的断路器带上下行运行。

(4) 混合贯通方式。当分区所上网断路器故障时，故障分区所采用混合贯通，其他牵引变电所、分区所继续采用母线贯通。混合贯通是指上(下)行线路采用母线贯通，下(上)行线路采用接触网上贯通的运行方式。

该工程的核心装置 SPC 为单相交直交变流器，采用基于多分裂变压器与级联背靠背阀组的多电平变流器[27]，拓扑如图 6-14 所示。整流侧通过多分裂整流变压器交错并联获得优良的电流谐波特性，逆变侧链式级联得到接近正弦波的多电平 SPWM 波形，省去大量输出滤波电抗器，获得优良的电压谐波特性和电压暂态调节特性。整流侧采用并联多重化结

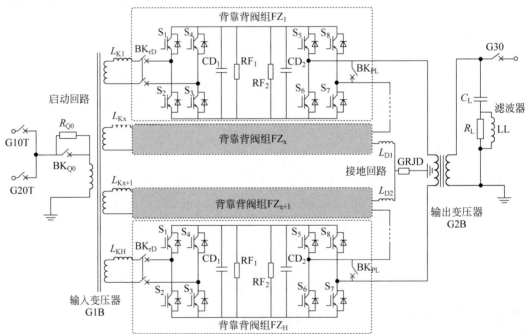

图 6-14   SPC 拓扑：基于多分裂变压器与级联背靠背阀组的多电平变流器

构,变压器二次侧绕组电压直接由原边电压决定,变流器脉冲闭锁时各绕组电压不存在明显均压问题,便于实现电容均压。主要参数见表 6-1。

表 6-1　某机场线 SPC 装置主要性能参数

基 本 要 求	技 术 指 标
单台 SPC 额定电压和容量	27.5 kV/2×20 MV·A
短时过载率	120% 长期
输出电压谐波	THD < 3%
额定工况运行效率	≥96%
多所间通信及协调控制能力	具备

针对 SPC 的动态性能进行测试,图 6-15 为单台 SPC 空载阶跃至带满载牵引负荷的仿真波形。0.5 s 出现负荷阶跃,SPC 输出电压出现短暂跌落,输出电流出现短时尖峰,阀组电容电压有短暂调整过程,但能够在 3 ms 左右内迅速恢复正常控制,达到满载工况的稳态。空载和满载稳态时,SPC 输出基频电压实际值与参考值的误差不超过 1.5%。这说明 SPC 具有很强的电压稳态、动态控制能力,能够应对多辆机车同时启停带来的负载快速变化,保证接触网电压稳定可调。

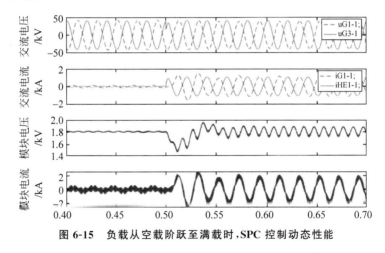

图 6-15　负载从空载阶跃至满载时,SPC 控制动态性能

图 6-16 给出了贯通式同相供电方式下公网和接触网的电压谐波情况。在贯通式同相供电方式下,SPC 能够通过控制来主动抑制机车谐波电流(可配合小容量滤波器),其输出电压谐波 THD=2.25%,并且能够实现公网和接触网的隔离,其公网侧电压谐波 THD=0.63%。可见,贯通式同相供电方式能够显著改善公网和接触网的电能质量。

本节结合高原山地铁路的特点和需求,从系统设计、核心变流器和拓扑方面,提出了适用于高原山地铁路的新型柔性牵引供电系统(贯通式同相供电)方案,并结合机场线开展了新型柔性牵引供电系统(贯通式同相供电)的工程验证,对装置稳态控制和暂态控制的快速稳定性进行了验证。验证结果表明,新型柔性牵引供电系统(贯通式同相供电)在提高接触网电压水平、提高牵引所容量利用率、提升整个系统可靠性、改善电能质量等方面具有明显优势,具备在高原山地铁路进行工程应用的条件。

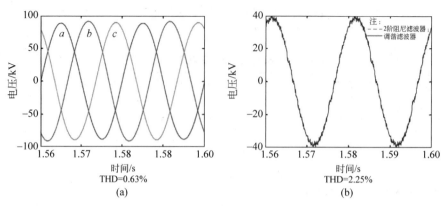

图 6-16　贯通式柔性供电电能质量

(a) 公网电压；(b) 接触网电压

6.6　本章小结

牵引供电系统是电气化铁路至关重要的一部分，是电力机车的能量来源，其发展程度直接影响着电气化铁路系统的发展进程。全方位改善牵引供电系统，为电力机车提供一个安全、可靠、稳定的运行环境，具有非常重要的意义。电气化铁路供电系统导致的无功、谐波、电压波动和闪变等电能质量问题，以及其自身存在电分相的弊端，在当前大力发展高速化和重载化铁路运输的情况下变得更加严重。

对于上述诸多问题，比较理想的综合解决方案是同相供电，并进一步实现贯通式同相供电。相比于现有的三相-两相牵引供电方式而言，贯通式同相供电具有多方面的突出优势。首先，同相供电方案可以同时缓解牵引变电所给公共电力系统带来的无功、谐波、负序等电能质量问题，克服了当前各类补偿方法功能单一的缺点，使牵引供电系统更加稳定可靠，电能质量更高；其次，同相供电技术能够减少电分相的个数，实现了贯通式同相供电，电分相装置可完全取消，电力机车电流不被切断，速度和牵引力不受损失，这有利于电气化铁路的进一步高速化和重载化。

贯通式同相供电方式中，相邻的牵引变电所容量可以相互支持，当某个牵引变电所出现故障时，机车可暂时从附近的其他牵引变电所取得电能，这是一种特殊的备用方式，可靠性较高。与此同时，基于三相-单相变换的同相供电方式可以友好接纳其他能源的接入，如太阳能、核能、风能、水能等新型清洁能源。在当代化石能源日益短缺、环境污染亟待治理的情况下，能源必然会逐渐趋向于多元化。电气化铁路供电系统作为一种特殊的大功率负载，能够友好接纳清洁能源，将有利于保护环境，促进新能源的发展。鉴于电气化铁路在整个交通运输行业的重要地位以及高速重载化的发展要求，研究新型牵引供电系统方案，为改造现有牵引供电系统和新建同相供电系统提供新的思路，促进电气化铁路供电系统的改革，对提高公共电能质量、改善人们出行条件、促进国家经济发展，均具有非常深远的意义。

参考文献

[1] 夏焰坤,李群湛,解绍锋,等.电气化铁道贯通同相供电变电所控制策略研究[J].铁道学报,2014,8(36)：25-31.

[2] 李群湛.同相供电系统的对称补偿[J].铁道学报(铁道牵引电气化与自动化专辑),1991,(s1)：35-43.

[3] 李群湛,贺建闽.电气化铁路的同相供电系统与对称补偿技术[J].电力系统自动化,1996(4)：9-11.

[4] 赵彦灵.电气化铁路同相供电装置关键技术研究[D].成都：西南交通大学,2002.

[5] 张秀峰,李群湛,吕晓琴.基于有源滤波器的V,v接同相电系统[J].中国铁道科学,2006,27(2)：98-103.

[6] 曾国宏,郝荣泰.基于有源滤波器和阻抗匹配平衡变压器的同相供电系统[J].铁道学报,2003,25(3)：49-54.

[7] 张秀峰,连级三.利用电力电子技术构建的新型牵引供电系统[J].变流技术与电力牵引,2007(3)：49-54,59.

[8] 李晶.同相AT供电系统单台变压器式接线研究[D].成都：西南交通大学,2007.

[9] 李猛.新型同相牵引供电系统仿真的研究[D].大连：大连交通大学,2008.

[10] 李群湛.牵引变电所供电分析及综合补偿技术[M].北京：中国铁道出版社,2006.

[11] SHU Z L,XIE S F,LU K. Digital detection control and distribution system for co-phase traction power supply application[J]. IEEE Transactions on Industrial Electronics,2013,60(5)：1831-1839.

[12] SHU Z L,XIE S F,LI Q Z. Single-phase back-to-back converter for active power balancing,reactive power compensation,and harmonic filtering in traction power system[J]. IEEE Traction on Power Electronics,2011,1(26)：334-343.

[13] 魏光,李群湛,黄军,等.新型同相牵引供电系统方案[J].电力系统自动化,2008,32(10)：80-83.

[14] 陈民武.牵引供电系统优化设计与决策评估研究[D].成都：西南交通大学,2009.

[15] XIE J,ZYNOVCHENKO A,LI F,et al. Converter control and stability of the 110kV railway grid with the increasing use of the static frequency converters. Power Electronics and Applications[C]. Proceedings of 11th European European Conference,2005. Dresden,Germany：2005.

[16] 张睿.贯通式同相供电系统电能变流器的研究[J].电气化铁道,2012,(4)：19-22.

[17] AEBERHARD M,COURTOIS C,LADOUX E. Railway Traction Power Supply from the state of the art to future trends[C]. Proceedings of Power Electronics Electrical Drives Automation and Motion(SPEEDAM),June 14-16,2010. IEEE,2010.

[18] 彭方正,钱照明,岁吉盖斯,等.现代多电平逆变器拓扑[J].变流技术与电力牵引,2006,5：6-11.

[19] 李明.多电平光伏逆变器的并网控制策略研究[D].上海：上海交通大学,2012.

[20] RODRIGUEZ J R,BERNET S,WU B,et al. Multilevel voltage-source-converter topologies for industrial medium-voltage drives[J]. IEEE Transactions on Industrial Electronics,2007,54(6)：2930-2945.

[21] KRUG D,BERNET S,FAZEL S S,et al. Comparison of 2.3-kV medium-voltage multilevel converters for industrial medium•voltage drives[J]. IEEE Transactions on Industrial Electronics,2007,54(6)：2979-2992.

[22] 王恩德,黄声华.三相电压型PWM整流的新型双闭环控制策略[J].中国电机工程学报,2012,32(15)：24-30.

［23］ 张兴. PWM 整流器及其控制策略的研究［D］. 合肥：合肥工业大学，2003.

［24］ 林云志，魏应冬，李笑倩，等. 川藏铁路贯通式柔性交流牵引供电系统［J］. 铁道工程学报，2021，38(9)：54-60.

［25］ WINKELNKEMPER M，KORN A，STEIMER P. A Modular Direct Converter for Transformerless Rail Interties［C］. Proceedings of IEEE International Symposium on Industrial Electronics (ISIE)，July 04-07，2010. IEEE，2010.

［26］ SERIMEL A. Power-electronic Grid Supply of AC Railway Systems［C］. Proceedings of 13th International Conference on Optimization of Electrical and Electronic Equipment. May 24-26，2012. Brasov，ROMANIA：TRANSILVANIA UNIV PRESS，2012.

［27］ 魏应冬，姜齐荣，皮俊波. 基于变压器串联多重化和链式结构的统一电能质量控制器：CN200810119942.6［P］. 2009-06-10.

第7章

基于UPQC的轨道交通
微电网系统结构和工作原理

当前,统一电能质量调节器(unified power quality conditioner,UPQC)成为解决电能质量问题最优秀的解决方案之一。UPQC 最初是由 Hideaki Fujita 和 Hirofumi Akagi 于 1988 年提出的。采用 UPQC 补偿非线性负载产生的谐波电流,解决负载电压不平衡问题[1]。UPQC 结合了串联变流器[2]和并联变流器[3]的优点,成为提高配电网电能质量的最有吸引力的解决方案之一[4]。UPQC 可以解决许多电能质量问题,如电压/电流谐波、电压/电流不平衡、电压暂降/浪涌、电压闪变和无功补偿。此外,UPQC 还充当与电网、分布式电源(distributed generation,DG)、非线性负载和敏感负载的接口[5]。

本章介绍了 UPQC 分类与工作原理,给出了 UPQC 在 dq 坐标系上的数学模型,同时提出了一种基于 UPQC-DG$_{\text{dc-link}}$ 的微电网结构,为后续章节研究基于 UPQC 改善微电网电能质量打下了理论基础。

7.1 UPQC 分类与拓扑结构

如今,UPQC 的分类和拓扑结构众多,不同的分类和拓扑结构决定了使用对象和性能的不同。因此,本节先对 UPQC 的分类和拓扑结构进行一个简单介绍。

7.1.1 UPQC 分类

常见的 UPQC 依照以下 4 种类型进行分类[6]。

(1) 按变流器类型分类:在 UPQC 中,并联变流器和串联变流器共享一个直流链路。根据中间直流环节是电容还是电感,将 UPQC 分成电流源型变流器和电压源型逆变器两种拓扑结构。由于电流源型变流器造价成本较高,又不能采用多电平结构,因此在工程实际中很少应用电流源型变流器,当前常常选择的是电压源型逆变器。

（2）按照变流器位置系统分类：根据并联变流器相对于串联变流器位置不同，将 UPQC 分为 UPQC-L 与 UPQC-R 两种结构。常见的系统结构共有 8 种，①UPQC-R；②UPQC-L；③UPQC-I[7]（用 UPQC 连接两个配电支线）；④UPQC-MC（第三个变流器维持直流母线电压）；⑤UPQC-MD（变流器采用模块结构）；⑥UPQC-ML（变流器采用多电平结构，如三电平）；⑦UPQC-DG（UPQC 与一个或多个分布式发电系统集成，即分布式发电系统给直流侧电容供电）；⑧UPQC-MMC[8]（模块化多电平）。

（3）按电网侧系统分类：按电网系统相数，UPQC 可分为单相 UPQC 和三相 UPQC；按电网线数，UPQC 可以分为三相三线（three-phase three-wire，3P3W）UPQC 和三相四线（three-phase four-wire，3P4W）UPQC。目前一般选择使用的是三相三线制的 UPQC。

（4）按照补偿方式分类：根据电压暂降补偿，UPQC 分为 4 种，①UPQC-P（利用有功功率来抑制电压暂降或骤升）；②UPQC-Q（利用无功功率来抑制电压暂降或骤升）；③UPQC-VAmin（补偿电压暂降期间使 UPQC 的 VA 负担最小）；④UPQC-S（同时对有功功率和无功功率进行控制）。

7.1.2　UPQC-R/L 拓扑结构

UPQC 通常可以分为两种拓扑结构：UPQC-R 与 UPQC-L（见图 7-1）。在这两种拓扑结构中，UPQC-R 是最为广泛应用的拓扑结构。

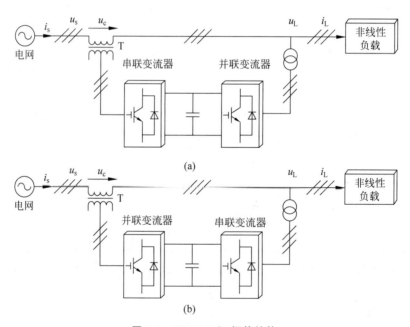

图 7-1　UPQC-R/L 拓扑结构
（a）UPQC-R 拓扑结构；（b）UPQC-L 拓扑结构

图 7-1（a）给出了 UPQC-R 拓扑结构，并联电压源变流器（voltage source converter，VSC）VSC_1 被当成受控电流源，用于补偿负载电流谐波，提供负载侧所需的无功功率和串联变流器所需的实际功率，将直流链路电容器电压保持在期望的水平；串联电压

源变流器 VSC_2 作为受制电压源,保护敏感/非线性负载免受电网侧电压畸变的影响,但不足之处在于串联侧需要承担来自并联侧的容量压力。在图 7-1(b)给出的 UPQC-L 拓扑结构中,将并联变流器和串联变流器位置互换,串联变流器将会检测出谐波电流,导致并联变流器检测难度变大,但串联侧不再需要承担并联侧的容量压力。在 UPQC-R 拓扑结构中,流过串联变压器的电流是正弦状态,具有更好的性能。UPQC-L 一般用于消除并联变流器和无源滤波器之间的干扰。结合工程实际考虑,本章选用了 UPQC-R 拓扑结构[9]。

7.2 基于三相三线制的 UPQC 系统

7.2.1 UPQC 工作原理与功率流动

图 7-2 给出了基于三相三线制的 UPQC 拓扑结构,它是由直流储能单元、并联变流器以及串联变流器三部分组成,其中直流环节为两个变流器共用。在 UPQC 系统中,靠近电网侧的串联变流器可以视为受控电压源,其作用为补偿电网侧的谐波电压,抑制电压波动,阻隔谐波电流流入电网;靠近负载侧的并联变流器可以视为受控电流源,其作用为补偿负载谐波和无功电流,抑制各种非线性负载引起的谐波问题。此外,并联变流器是维持直流侧电容电压平稳的重要因素。并联侧的耦合电感作为并联变流器与电网之间的接口,同时也能够将负载电流波形变得平滑。UPQC 系统中的 LC 滤波器起到了低通滤波器的作用,同时也能够消除变流器输出电压产生的高频开关纹波。

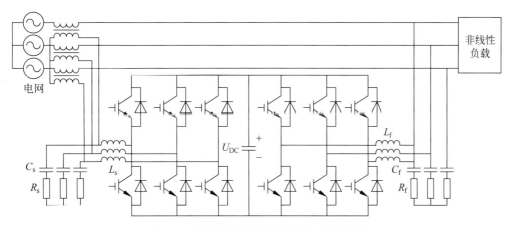

图 7-2 基于三相三线制的 UPQC 拓扑结构

由于本节研究的是三相三线制 UPQC 系统结构的功率特性,所以在电网侧电压与负载侧电流中都没有零序分量。在电网正常运行且没有发生任何故障时,电网侧电压 u_s 可分为谐波分量 u_{sh} 和基波分量 u_{sl};此时,如果出现三相电压不平衡或者电压谐波畸变现象,基波电压又将分为基波正序电压 u_{slp} 与基波负序电压 u_{sln},此时电网侧电压可表示为

$$u_s = u_{sl} + u_{sh} = u_{slp} + u_{sln} + u_{sh} \tag{7-1}$$

此时,电网功率 P_s 可以表示为

$$P_s = P_{s1p} + P_{s1n} + P_{sh} \tag{7-2}$$

其中,P_{s1p}、P_{s1n}、P_{sh} 分别表示电网中基波正序功率、基波负序功率、谐波功率。

若设定串联变压器耦合匝数比为 1,那么串联变流器输出电压则表示为

$$u_c = (u_{s1p} - u_L) + u_{s1n} + u_{sh} \tag{7-3}$$

当连接上非线性负载与不平衡负载时,负载侧电流可以分解为基波正序有功电流 i_{L1pp}、基波正序无功电流 i_{L1pq}、基波负序电流 i_{L1n} 以及谐波电流 i_{Lh},则负载电流可以表示为

$$i_L = i_{L1pp} + i_{L1pq} + i_{L1n} + i_{Lh} \tag{7-4}$$

此时,并联变流器的输出电流可以表示为

$$i_c = i_L - i_s = (i_{L1pp} + i_{L1qp} + i_{L1n} + i_{Lh}) - i_s = (1 - k_i)i_{L1pp} + i_{L1qp} + i_{L1n} + i_{Lh} \tag{7-5}$$

其中,k_i 是电网侧电流与负载侧基波正序有功电流之间的比值,$(1-k_i)i_{L1pp}$ 则是用于保持直流侧电压稳定的基波正序有功电流。

在理想情况下,UPQC 能够将负载侧电压与电网侧电流补偿为稳定的正弦波状态,由电网侧提供给负载侧的功率只包含有功功率 P_s,将无功功率视为 0。但是当电网出现三相不平衡故障时,串联变流器中流动的功率可以表示为

$$P_T = [(u_{s1p} - u_L) + u_{s1n} + u_{sh}]i_s = P_{T1p} + P_{T1n} + P_{Th} \tag{7-6}$$

其中,P_{T1p}、P_{T1n}、P_{Th} 分别表示正序电压分量功率、基波负序电压功率、电网侧谐波功率。

在并联变流器中,流动功率可以表示为

$$P_h = u_L[i_{L1pp}(1-k_i) + i_{L1pq} + i_{L1n} + i_{Lh}] = P_{h1p} + P_{h1q} + P_{h1n} + P_{hh} \tag{7-7}$$

其中,P_{h1p}、P_{h1q}、P_{h1n}、P_{hh} 分别表示正序有功功率、正序无功功率、负序无功功率、谐波功率。

负载的功率可以表示为

$$P_L = u_L i_L = u_L(i_{L1pp} + i_{L1qp} + i_{L1n} + i_{Lh}) = P_{L1pp} + P_{L1pq} + P_{h1n} + P_{hh} \tag{7-8}$$

其中,P_{L1pp}、P_{L1pq}、P_{h1n}、P_{hh} 分别表示负载侧基波正序有功功率、负载侧基波正序无功功率、负载侧基波负序无功功率、负载侧谐波功率。

7.2.2　UPQC 单相等效电路

在 abc 坐标系下,UPQC 的单相等效电路如图 7-3 所示,另外两相的等效电路与图 7-3 相似。

为了方便解耦与分析 UPQC 的工作原理,在图 7-4 中建立了基于 $dq0$ 坐标系的 UPQC 单相等效电路。在图 7-4(a) 中,i_{sd}、u_{Ld} 和 i_{Ld} 分别表示电网侧电流、非线性负载电压、非线性

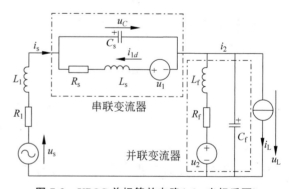

图 7-3　UPQC 单相等效电路(abc 坐标系下)

负载电流在 d 轴上的变量；R_1 和 L_1 分别是线路电阻和电抗，R_s 和 R_f 分别是串联变流器和并联变流器的等效电阻；在 d 轴上，串联变流器的电压补偿量为 u_{cd}，i_{1d} 是串联变流器的交流侧电流分量，i_{2d} 是并联变流器的电流补偿量，L_s-C_s 和 L_f-C_f 分别为串联侧和并联侧出口的 LC 滤波器值；u_{1d} 和 u_{2d} 分别是串联变流器和并联变流器的控制电压。

在经过 abc/dq 坐标变换之后，两个变流器在 d 轴与 q 轴上存在耦合现象，比如，耦合电感电流 $\omega L_s i_{1q}$、$\omega L_f i_{2q}$、$\omega L_1 i_{sq}$ 和耦合电容电压 $\omega C_s u_{cq}$、$\omega C_f u_{Lq}$。图 7-4（b）给出了 UPQC 在 q 轴上的单相等效模型，与图 7-4（a）相似，这里就不过多描述。

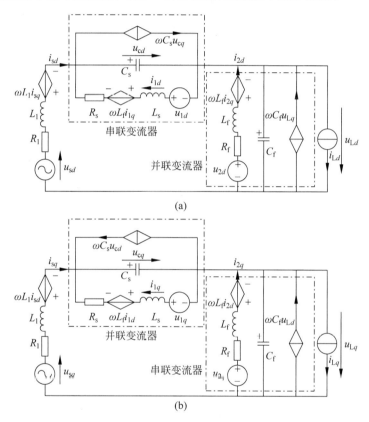

图 7-4 **UPQC 单相等效电路（dq 坐标系下）**

（a）UPQC 单相等效电路（d 轴）；（b）UPQC 单相等效电路（q 轴）

7.2.3 UPQC 状态空间方程

为了消除串联变流器与并联变流器之间的耦合影响，对 UPQC 的工作原理、结构特点以及控制目标进行更好的分析，将基尔霍夫定律应用于图 7-4 所示的单相等效电路。由于本节考虑的是三相三线制的 UPQC 结构，当出现开关频率远远超过工作频率的情况时，采用状态平均法就能够得到 UPQC 在 dq 坐标系下的动态数学模型：

$$\begin{cases} L_s \dfrac{\mathrm{d}i_{1d}}{\mathrm{d}t} = -\omega L_s i_{1q} - R_s i_{1d} - u_{cd} + u_{1d} \\[2mm] L_s \dfrac{\mathrm{d}i_{1q}}{\mathrm{d}t} = \omega L_s i_{1d} - R_s i_{1q} - u_{cq} + u_{1q} \\[2mm] L_f \dfrac{\mathrm{d}i_{2d}}{\mathrm{d}t} = -\omega L_f i_{2q} - R_f i_{2d} - u_{Ld} + u_{2d} \\[2mm] L_f \dfrac{\mathrm{d}i_{2q}}{\mathrm{d}t} = \omega L_f i_{2d} - R_f i_{2q} - u_{Lq} + u_{2q} \\[2mm] L_1 \dfrac{\mathrm{d}i_{sd}}{\mathrm{d}t} = -\omega L_1 i_{sq} - R_1 i_{sd} - u_{cd} - u_{Ld} + u_{sd} \\[2mm] L_1 \dfrac{\mathrm{d}i_{sq}}{\mathrm{d}t} = \omega L_1 i_{sd} - R_1 i_{sq} - u_{cq} - u_{Lq} + u_{sq} \\[2mm] C_s \dfrac{\mathrm{d}u_{cd}}{\mathrm{d}t} = -\omega C_s u_{cq} + i_{sd} + i_{1d} \\[2mm] C_s \dfrac{\mathrm{d}u_{cq}}{\mathrm{d}t} = \omega C_s u_{cd} + i_{sq} + i_{1q} \\[2mm] C_f \dfrac{\mathrm{d}u_{Ld}}{\mathrm{d}t} = -\omega C_f u_{Lq} + i_{sd} + i_{2d} - i_{Ld} \\[2mm] C_f \dfrac{\mathrm{d}u_{Lq}}{\mathrm{d}t} = \omega C_f u_{Ld} + i_{sq} + i_{2q} - i_{Lq} \end{cases} \tag{7-9}$$

　　在基于三相三线制的 UPQC 系统中,它的作用是当电网侧电压出现电压暂降/骤升、电压三相不平衡、电压谐波畸变等情况时,串联变流器会向耦合变压器注入合适的补偿电压,使得负载侧电压补偿在一个稳定的数值范围以内,不受电网侧电压变化的干扰。同时,当负载侧电流发生负载突变、切入三相不平衡负载等情况时,并联变流器就会开始注入适当的补偿电流,以保护电网侧电流免受负载侧电流波动的影响,使其维持在三相正弦波的状态,从而可以改善电网电能质量的问题[13]。因此,将串联变流器与并联变流器的控制电压设置为控制输入量,将电网侧电流与负载侧电压设置为控制输出量。综上所述,系统的状态变量设为 $\boldsymbol{x} = \begin{bmatrix} i_{1d} & i_{1q} & i_{2d} & i_{2q} & i_{sd} & i_{sq} & u_{cd} \\ u_{cq} & u_{Ld} & u_{Lq} \end{bmatrix}^{\mathrm{T}}$,控制输入量 $\boldsymbol{u} = \begin{bmatrix} u_{1d} & u_{1q} & u_{2d} & u_{2q} \end{bmatrix}^{\mathrm{T}}$,系统输出量 $\boldsymbol{y} = \begin{bmatrix} u_{Ld} \\ u_{Lq} & i_{sd} & i_{sq} \end{bmatrix}^{\mathrm{T}}$,并考虑将电网侧电流和负载侧电压作为系统的外部干扰输入,即 $\boldsymbol{H} = \begin{bmatrix} i_{Ld} & i_{Lq} & u_{sd} & u_{sq} \end{bmatrix}^{\mathrm{T}}$,则式(7-9)可以表述为

$$\begin{cases} \dot{\boldsymbol{x}} = \boldsymbol{A}\boldsymbol{x} + \boldsymbol{B}_1 \boldsymbol{u} + \boldsymbol{B}_2 \boldsymbol{H} \\ \boldsymbol{y} = \boldsymbol{C}\boldsymbol{x} \end{cases} \tag{7-10}$$

其中,

$$\boldsymbol{A}=\begin{bmatrix} -R_s/L_s & -\omega & 0 & 0 & 0 & 0 & -1/L_s & 0 & 0 & 0 \\ \omega & -R_s/L_s & 0 & 0 & 0 & 0 & 0 & -1/L_s & 0 & 0 \\ 0 & 0 & -R_f/L_f & -\omega & 0 & 0 & 0 & 0 & -1/L_f & 0 \\ 0 & 0 & \omega & -R_f/L_f & 0 & 0 & 0 & 0 & 0 & -1/L_f \\ 0 & 0 & 0 & 0 & -R_1/L_1 & -\omega & -1/L_1 & 0 & -1/L_1 & 0 \\ 0 & 0 & 0 & 0 & \omega & -R_1/L_1 & 0 & -1/L_1 & 0 & -1/L_1 \\ 1/C_s & 0 & 0 & 0 & 0 & 0 & 0 & -\omega & 0 & 0 \\ 0 & 1/C_s & 0 & 0 & 0 & 0 & \omega & 0 & 0 & 0 \\ 0 & 0 & 1/C_f & 0 & 0 & 0 & 0 & 0 & 0 & -\omega \\ 0 & 0 & 0 & 1/C_f & 0 & 0 & 0 & 0 & \omega & 0 \end{bmatrix}$$

$$\boldsymbol{B}_1=\begin{bmatrix} 1/L_s & 0 & 0 & 0 \\ 0 & 1/L_s & 0 & 0 \\ 0 & 0 & 1/L_f & 0 \\ 0 & 0 & 0 & 1/L_f \\ 0 & 0 & 0 & 0 \\ 0 & 0 & 0 & 0 \\ 0 & 0 & 0 & 0 \\ 0 & 0 & 0 & 0 \\ 0 & 0 & 0 & 0 \\ 0 & 0 & 0 & 0 \end{bmatrix}^{T} \qquad \boldsymbol{B}_2=\begin{bmatrix} 0 & 0 & 0 & 0 \\ 0 & 0 & 0 & 0 \\ 0 & 0 & 0 & 0 \\ 0 & 0 & 0 & 0 \\ 0 & 0 & 1/L_1 & 0 \\ 0 & 0 & 0 & 1/L_1 \\ 0 & 0 & 0 & 0 \\ 0 & 0 & 0 & 0 \\ -1/C_f & 0 & 0 & 0 \\ 0 & -1/C_f & 0 & 0 \end{bmatrix}^{T}$$

$$\boldsymbol{C}=\begin{bmatrix} 0 & 0 & 0 & 0 & 0 & 0 & 0 & 0 & 1 & 0 \\ 0 & 0 & 0 & 0 & 0 & 0 & 0 & 0 & 0 & 1 \\ 0 & 0 & 0 & 1 & 0 & 0 & 0 & 0 & 0 & 0 \\ 0 & 0 & 0 & 0 & 0 & 1 & 0 & 0 & 0 & 0 \end{bmatrix}$$

综上所述,通过提出的基于 dq 坐标系的 UPQC 数学模型,将串联变流器与并联变流器视为一个整体,建立起了电网侧、UPQC 和负载侧之间的统一方程,能够对 UPQC 系统进行更为深入的分析,消除了串联变流器与并联变流器之间的耦合影响,下一节会具体说明有哪些耦合影响。

7.2.4　UPQC 相间耦合

当发生相间耦合现象,图 7-5 给出了 UPQC 单相等效电路耦合关系示意图,其中存在五对耦合关系。在 d 轴,耦合项分别为:电感电流 $\omega L_s i_{1q}$、$\omega L_f i_{2q}$、$\omega L_1 i_{sq}$ 以受控电压源的形式耦合到 q 轴,输出电压 $\omega C_s u_{cq}$、$\omega C_f u_{Lq}$ 以受控电流源的形式耦合到 q 轴。同样,在 q 轴,耦合项分别为:电感电流 $\omega L_s i_{1d}$、$\omega L_f i_{2d}$、$\omega L_1 i_{sd}$ 以受控电压源的形式耦合到 d 轴,输出电压 $\omega C_s u_{cd}$、$\omega C_f u_{Ld}$ 以受控电流源的形式耦合到 d 轴。

在基于三相三线制的 UPQC 系统中,发生耦合的因素有以下两个方面:①串联变流器

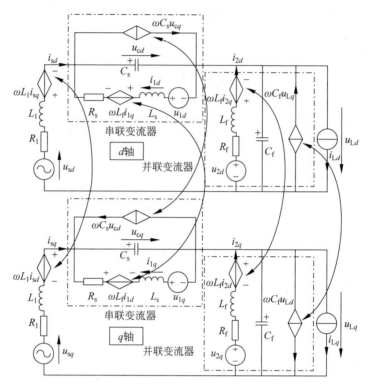

图 7-5　UPQC 单相等效电路耦合关系示意图

和并联变流器之间通过外部配电线路与电网侧、负载侧相连；②串联变流器和并联变流器之间通过内部的直流侧电容相连。

以上所提到的两点因素都会导致串联变流器和并联变流器之间存在相间耦合现象,影响两个变流器之间的电压与电流补偿量。

7.3　基于 UPQC 的电网结构

UPQC 几乎能够处理所有的电能质量问题,文献[14-16]表明,对 UPQC- DG 的应用已经进行了大量的研究和开发。目前常用的有两种微电网结构：UPQC-DG$_{DC-link}$ 与 UPQC-DG$_{seperated}$。

7.3.1　基于 UPQC-DG$_{separated}$ 的微电网结构

UPQC-DG 能够处理微电网系统问题,大大提高微电网系统的稳定性。研究表明, UPQC 是将风能集成到大电网最好的电力电子设备之一。借助于 UPQC,能够提高故障穿越能力[17]和系统的稳定性。如果风电场连接到弱电网,UPQC 也可以放置在 PCC 处以克服电压调节问题。如图 7-6 所示,在 UPQC-DG$_{seperated}$ 系统中,通过向靠近 DG 侧注入与电网侧同相的电压来进行电压调节。该模型虽然控制简单,但无法在孤岛模式下操作,系统成本也较高,电压发生中断时也无法及时补偿。

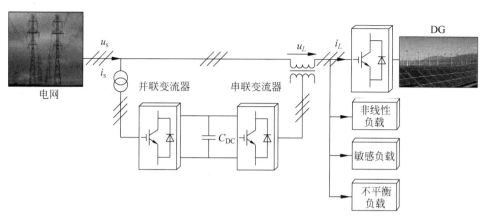

图 7-6　UPQC-DG$_{\text{seperated}}$ 结构框图

7.3.2　基于 UPQC-DG$_{\text{DC-link}}$ 的微电网结构

文献[14]提出了一种新型的微电网结构,如图 7-7 所示,在这种结构中,将分布式电源(DG)作为储能元件直接连接到 UPQC 中的直流链路上,这种结构称为 UPQC-DG$_{\text{DC-link}}$ 系统。与 UPQC-DG$_{\text{seperated}}$ 系统相比,UPQC-DG$_{\text{DC-link}}$ 系统的优点在于,将少用一个变流器,提高了 UPQC 系统中并联变流器的利用率,节约了系统成本。此外,它可以在并网运行模式和孤岛运行模式下工作。

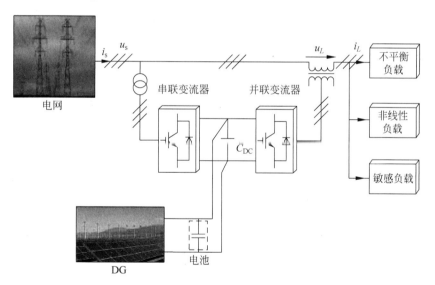

图 7-7　UPQC-DG$_{\text{DC-link}}$ 结构框图

如图 7-8 所示,在并网运行模式中根据潮流方向将运行分为两个子模式:正向流动模式与反向流动模式。正向流动模式中,DG 与电网向负载提供功率;反向流动模式中,DG 向电网与负载提供功率。在孤岛运行模式下,在额定功率范围内,DG 只向负载提供功率。此外,在电网电压中断期间,UPQC-DG$_{\text{DC-link}}$ 还可以通过 DG 向敏感负载注入有功功率。但如果在电压中断条件下,DG 提供的功率不足以维持负载工作,则系统的稳定性会受到破坏。

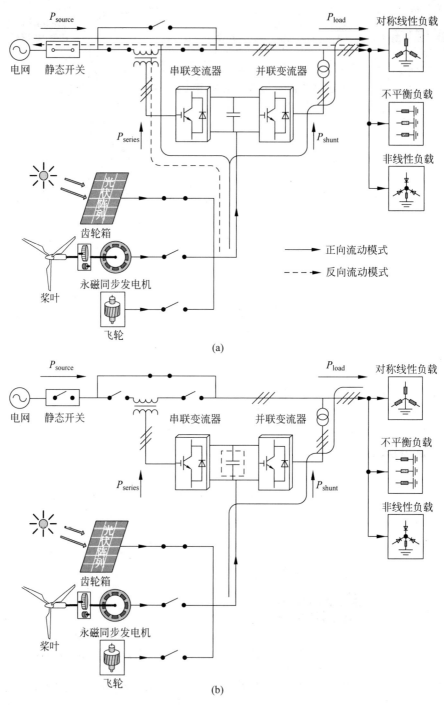

(a)

(b)

图 7-8　UPQC-DG$_{DC-link}$ 两种运行模式

（a）并网运行模式；（b）孤岛运行模式

7.3.3 成本分析与性能对比

对现有的两种基于 UPQC 的微电网结构进行比较,如表 7-1 所示,给出了基于 UPQC 的风力发电系统投资成本分析。

表 7-1 基于 UPQC 的风力发电系统投资成本比较(以美元计)

设 备	额定功率/(kV·A)					
	15		150		1500	
	分离系统	组合系统	分离系统	组合系统	分离系统	组合系统
风力涡轮机	10 515	10 515	105 004	105 004	1 050 000	1 050 000
PWM 整流器	5786	5786	47 800	47 800	394 841	394 841
电网侧变流器	5786	—	47 800	—	394 841	—
并联变流器	5786	5786	47 800	47 800	394 841	394 841
串联变流器	5786	5786	47 800	47 800	394 841	394 841
整体	33 662	27 876	296 202		2 629 366	2 234 525
经济节约/%	20.7		19.1		17.6	

在花费成本方面,因为并联变流器已经充当了转换器,不需要电网连接接口的转换器,所以 UPQC-DG$_{DC-link}$ 系统(以下简称组合系统)的花费成本较低。而在 UPQC-DG$_{seperated}$ 系统(以下简称分离系统)中,需要电网连接接口的转换器,因此,这种系统没有办法降低成本。以风力发电系统为例,根据电压等级的不同,组合系统的成本比分离系统低约 20%[18]。

在研究的基础上,表 7-2 给出了不同微电网系统结构的优缺点比较,本书选择 UPQC-DG$_{DC-link}$ 微电网结构。

表 7-2 不同微电网系统结构优缺点比较

微电网系统结构	优 点	缺 点
UPQC-DG$_{seperated}$	1. 使用多电平、多模块的变流器拓扑时,增大变流器容量较容易 2. 控制简单 3. 在并网模式下进行有功功率传输	1. 无法进行电压中断补偿 2. 无法在孤岛模式下运行 3. 系统成本较高
UPQC-DG$_{DC-link}$	1. 能够进行电压中断补偿 2. 能够在孤岛模式下运行 3. 在并网模式下进行有功功率传输	1. 控制较为复杂 2. 使用多电平、多模块的变流器拓扑时,增大变流器容量较难

7.3.4 基于 UPQC 改善微电网电能质量的控制目标

本节将 UPQC 应用于微电网,对它的电能质量问题进行综合治理。基于 UPQC 改善微电网电能质量的工作原理如图 7-9 所示。

图 7-9 所示为 UPQC 的间接控制策略,该策略的控制目标为:①通过串联变流器注入合适的电压,控制负载侧电压维持稳定的正弦波状态;②为了避免电网侧受到负载突变、切入不平衡负载以及无功功率的影响,将电网侧电流控制为合适的正弦电流。对电网侧电压

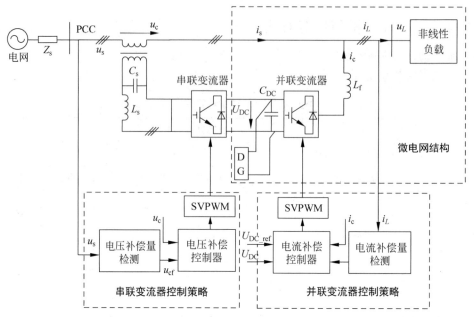

图 7-9　基于 UPQC 改善微电网电能质量的工作原理

(即 PCC 处电压)和负载侧电流,通过补偿量检测模块得到期望的电压与电流补偿量,再通过 SVPWM 算法给串联变流器与并联变流器提供控制信号,使得两个变流器输出期望的电压/电流补偿量,从而完成间接控制策略的目标。

在并网运行模式下,UPQC 中并联变流器能够解决配电网的电压暂降/骤升、电压谐波畸变、三相电压不平衡等电压质量问题,串联变流器能够处理负载突变、三相不平衡负载突然切入、电流谐波畸变等电流质量问题。在微电网平滑切换至孤岛运行模式之后,UPQC 中串联变流器不再工作,并联变流器采用 U/f 控制,由分布式电源提供所需的能量支撑,向系统提供微电网稳定运行所需的电压与频率[19-20]。

7.4　本章小结

本章重点介绍了基于 UPQC-DG$_{DC-link}$ 的微电网结构以及各个单元的控制目标。首先,介绍了 UPQC 的分类、拓扑结构以及工作原理;其次,提出了基于 dq 坐标系的 UPQC 等效模型与状态空间方程,并分析了 UPQC 发生相间耦合的原因;最后,研究了基于 UPQC-DG$_{DC-link}$ 与 UPQC-DG$_{seperated}$ 的微电网结构,并进行了成本分析与性能对比,选择了适合本书的 UPQC-DG$_{DC-link}$ 的微电网结构。

参考文献

［1］　FUJITA H,AKAGI H. The unified power quality conditioner:the integration of series- and shunt-active filters[J]. IEEE Transactions on Power Electronics,1998,13(2):315-322.

［2］　方天治,阮新波,查春雷,等. 输入串联输出串联逆变器系统的控制策略[J]. 中国电机工程学报,

2009,29(27)：22-28.

[3] 肖华根,罗安,王逸超,等.微网中并联逆变器的环流控制方法[J].中国电机工程学报,2014,34(19)：3098-3104.

[4] 汤其彩.统一电能质量调节器(UPQC)的补偿控制策略研究[D].武汉：武汉科技大学,2007.

[5] XU Q,MA F,LUO A,et al. Analysis and control of M3C based UPQC for power quality improvement in medium/high voltage power grid[J]. IEEE Transactions on Power Electronics,2016,31(12)：8182-8194.

[6] KHADKIKAR V. Enhancing electric power quality using UPQC：a comprehensive overview[J]. IEEE Transactions on Power Electronics,2012,27(5)：2284-2297.

[7] FRANCA B W,SILVA L F D,AREDES M A,et al. An improved UPQC controller to provide additional grid-voltage regulation as a STATCOM[J]. IEEE Transactions on Industrial Electronics,2015,62(3)：1345-1352.

[8] 祝贺,王久和,郑成才,等.五电平 MMC-UPQC 的无源控制[J].电工技术学报,2017,32(2)：172-178.

[9] 王映品.统一电能质量调节器(UPQC)的关键技术研究[D].广州：华南理工大学,2017.

[10] 王兆安.谐波抑制和无功功率补偿[M].3 版.北京：机械工业出版社,2016.

[11] 陆晶晶,肖湘宁,张剑,等.基于定有功电流限值控制的 MMC 型 UPQC 协调控制方法[J].电工技术学报,2015,30(3)：196-204.

[12] 王静.统一电能质量调节器畸变量检测及跟踪控制策略研究[D].济南：山东大学,2015.

[13] 刘子文,苗世洪,范志华,等.统一电能质量调节器最优输出跟踪控制策略[J].高电压技术,2018,44(7)：2385-2392.

[14] HAN B,BAE B,KIM H,et al. Combined operation of unified power-quality conditioner with distributed generation[J]. IEEE Transactions on Power Delivery,2005,21(1)：330-338.

[15] CAMPANHOL L B G,SILVA S A O D,OLIVEIRA A A D,et al. Single-stage three-phase grid-tied PV system with universal filtering capability applied to DG systems and AC microgrids[J]. IEEE Transactions on Power Electronics,2017,32(12)：9131-9142.

[16] KARANKI S B,GEDDADA N,MISHRA M K,et al. A modified three-phase four-wire UPQC topology with reduced dc-link voltage rating[J]. IEEE Transactions on Industrial Electronics,2013,60(9)：3555-3566.

[17] 郭小强,刘文钊,王宝诚,等.光伏并网逆变器不平衡故障穿越限流控制策略[J].中国电机工程学报,2015,35(20)：5155-5162.

[18] HOSSEINPOUR M,YAZDIAN A,HOHAMADIAN M,et al. Design and simulation of UPQC to improve power quality and transfer wind energy to grid[J]. Journal of Applied Sciences,2008,8(21)：3770-3782.

[19] 周福举.基于 UPQC 改善微网电能质量策略研究[D].南京：东南大学,2015.

[20] 罗晓东.微电网中统一电能质量调节器控制方法研究[D].株洲：湖南工业大学,2012.

第8章

UPQC补偿量检测方法和锁相环性能研究

在基于 UPQC-DG$_{\text{DC-link}}$ 的微电网结构基础上,针对在不平衡电网工况下传统的检测方法无法很好发挥作用的问题,将基于 $dq0$ 坐标变换的检测方法运用在 UPQC 系统的补偿量检测与谐波分析方面。同时,本章针对在三相不平衡电网条件下会发生电网电压信号二倍频振荡现象的问题,在三相电压不平衡工况下,对 SRF-PLL、DSOGI-PLL 和 DDSRF-PLL 的电网电压频率、相角和幅值的跟踪检测效果进行比较。

8.1　补偿量检测方法概述

UPQC 作为解决电能质量问题最好的装置之一,能够同时处理电压与电流的信号,因此就需要 UPQC 能够迅速检测来得到电网侧电压与负载侧电流的补偿量,并以此作为串联变流器与并联变流器处理电能质量问题的参考。

补偿量检测的目的是进行非正序基频电网电压、负载电流以及无功功率的补偿,对三相系统还需要平衡三相间的有功功率。因此,准确、实时地提取上述的补偿量是 UPQC 正常工作的重点,补偿量检测成为 UPQC 控制结构的重要组成部分。

8.1.1　基于 *p-q* 理论的检测方法

基于瞬时无功功率的检测方法最早是由学者赤木文泰等人于 1984 年提出的,它是由 p-q 检测方法与 i_p-i_q 检测方法组成。

p-q 法电流补偿量检测原理如图 8-1 所示,它是以瞬时有功功率 p 和瞬时无功功率 q 作为理论基础的。$\boldsymbol{u}_{sabc}$、$\boldsymbol{i}_{Labc}$ 分别是电网侧三相电压与负载侧三相电流。先通过 $abc/\alpha\beta$ 坐标变换得到 $\alpha\beta$ 坐标系下的电网侧电压与负载侧电流:

$$\boldsymbol{u}_{\alpha\beta} = \begin{bmatrix} u_\alpha \\ u_\beta \end{bmatrix} = \frac{2}{3} \begin{bmatrix} 1 & -\dfrac{1}{2} & -\dfrac{1}{2} \\ 0 & -\dfrac{\sqrt{3}}{2} & \dfrac{\sqrt{3}}{2} \end{bmatrix} \boldsymbol{u}_{sabc} = \boldsymbol{T}_{abc/\alpha\beta} \times \boldsymbol{u}_{sabc} \tag{8-1}$$

$$\boldsymbol{i}_{\alpha\beta} = \begin{bmatrix} i_\alpha \\ i_\beta \end{bmatrix} = \frac{2}{3} \begin{bmatrix} 1 & -\dfrac{1}{2} & -\dfrac{1}{2} \\ 0 & -\dfrac{\sqrt{3}}{2} & \dfrac{\sqrt{3}}{2} \end{bmatrix} \boldsymbol{i}_{Labc} = \boldsymbol{T}_{abc/\alpha\beta} \times \boldsymbol{i}_{Labc} \tag{8-2}$$

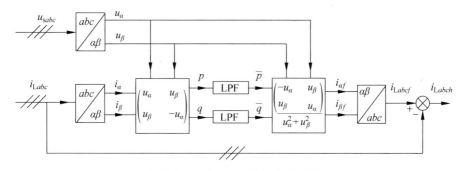

图 8-1　基于 p-q 理论的检测方法

在 $\alpha\beta$ 坐标系中,瞬时有功功率、瞬时无功功率可以表示为

$$\begin{pmatrix} p \\ q \end{pmatrix} = \begin{pmatrix} u_\alpha & u_\beta \\ u_\beta & -u_\alpha \end{pmatrix} \begin{pmatrix} i_\alpha \\ i_\beta \end{pmatrix} \tag{8-3}$$

这时,通过低通滤波器 LPF 得到平均有功功率 $\overline{p}$ 与平均无功功率 $\overline{q}$,再通过 $abc/\alpha\beta$ 坐标反变换得到负载侧基波电流:

$$\boldsymbol{i}_{Labcf} = \begin{pmatrix} i_{Laf} \\ i_{Lbf} \\ i_{Lcf} \end{pmatrix} = \frac{\boldsymbol{T}_{abc/\alpha\beta}^{-1}}{u_\alpha^2 + u_\beta^2} \begin{pmatrix} -u_\alpha & u_\beta \\ u_\beta & u_\alpha \end{pmatrix} \begin{pmatrix} i_\alpha \\ i_\beta \end{pmatrix} \tag{8-4}$$

负载侧电流补偿量为

$$\boldsymbol{i}_{Labch} = \begin{pmatrix} i_{Lah} \\ i_{Lbh} \\ i_{Lch} \end{pmatrix} = \begin{pmatrix} i_{La} \\ i_{Lb} \\ i_{Lc} \end{pmatrix} - \begin{pmatrix} i_{Laf} \\ i_{Lbf} \\ i_{Lcf} \end{pmatrix} \tag{8-5}$$

基于 p-q 理论的检测方法结构较为简单,但局限性较高,当电网侧电压发生畸变,得到的检测结果误差较大,只适用于三相对称电路[1]。

8.1.2　基于 i_p-i_q 理论的检测方法

i_p-i_q 法电流补偿量检测原理如图 8-2 所示,首先提取电网侧电压 a 相的相位,通过图中的电路得到所需的正余弦信号,得到变换矩阵 $\boldsymbol{M}$。由式(8-1)与式(8-2)得到电网侧三相电压与负载侧三相电流[2]。

在图 8-2 中,有功电流的瞬时分量与无功电流的瞬时分量为

$$\boldsymbol{i}_{pq} = \begin{bmatrix} i_p \\ i_q \end{bmatrix} = \begin{bmatrix} \cos\omega t & \sin\omega t \\ \sin\omega t & -\cos\omega t \end{bmatrix} \begin{bmatrix} i_\alpha \\ i_\beta \end{bmatrix} = \boldsymbol{M} \begin{bmatrix} i_\alpha \\ i_\beta \end{bmatrix} \tag{8-6}$$

其中,$\boldsymbol{M} = \begin{bmatrix} \cos\omega t & \sin\omega t \\ \sin\omega t & -\cos\omega t \end{bmatrix}$,$\omega$ 为电网频率。

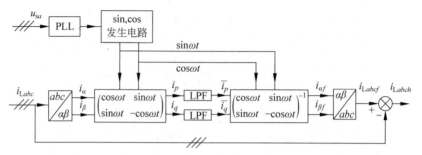

图 8-2 $i_p\text{-}i_q$ 法检测电流补偿量

其他的计算步骤与基于 $p\text{-}q$ 理论的相似,最终得到负载侧电流的补偿量。

当使用基于 $i_p\text{-}i_q$ 理论的电流补偿量检测方法时,即使电网侧电压出现畸变情况,也不会影响检测结果的精度。但是缺点是,锁相环的存在会导致相位存在一定的延迟。

8.1.3 基于自适应谐波的检测方法

当前科研中,比较常见的基于自适应谐波的检测方法是运用噪声对消原理[3]。这种技术是一种将信号和噪声进行分开处理的检测方法,把得到的基波分量当成噪声,将其从检测量中剔除,这样检测到的结果就是补偿量。图 8-3 给出了基于自适应谐波的检测方法的示意图,它是由带通滤波器与 90°移相因子组成的二阶陷波滤波器。图 8-3 中,电网电压 $u_s(t)$ 被视为信号源,它的表达式如下:

$$u_s(t)=u_p(t)+u_q(t)+u_h(t)=u_1(t)+u_h(t) \tag{8-7}$$

其中,$u_p(t)$ 是电压有功分量;$u_q(t)$ 是电压无功分量;$u_h(t)$ 是电压谐波分量,也就是系统的输出量 $u_o(t)$,同时也是补偿电压量 $u_c(t)$;$u_1(t)$ 是电压基波分量。

电网电压通过带通滤波器与 90°移相因子组成的电路得到正交参考输入量 $R_1(t)$ 和 $R_2(t)$:

$$R_1(t)=D\cos\omega t \tag{8-8}$$

$$R_2(t)=D\sin\omega t \tag{8-9}$$

式(8-8)和式(8-9)中,D 为参考输入量的幅值。如图 8-3 所示,在上部分的反馈环节中,系统输出量 $u_o(t)$ 与参考输入量 $R_2(t)$ 相乘,再通过积分环节 I_2 得到权重系数 W_2,再将得到的权重系数 W_2 与参考输入量 $R_2(t)$ 相乘,能够得到反馈量 $f_2(t)$,它能够消除相关的干扰分量,这个过程通过反馈环节的不断调节变化,最终能够使得系统输出量 $u_o(t)$ 为 0,即补偿电压量 $u_c(t)$ 为 0。

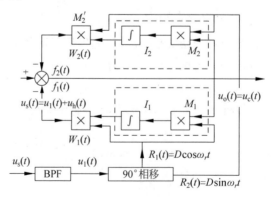

图 8-3 基于自适应谐波的检测方法

该方法能够通过不停地自我调整和自我学习,使得系统能够维持在一个最佳的状态,但缺点在于不能够解决电网电压发生不对称的情况。

8.1.4　基于神经网络的检测方法

基于神经网络的检测方法是一种较为流行的检测方法,这种方法能够通过自我学习和自我适应的方式,完成对负载侧电流的实时检测。如图 8-4 所示,采用基于神经网络的检测方法来进行 UPQC 中负载侧的畸变电流检测。但是从该检测方法的研究来看,神经网络需要众多的训练样本,对精度要求也较高。此外,对神经网络的样本数和结构依然需要深入的研究[4]。

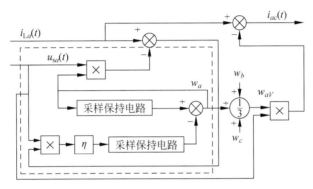

图 8-4　基于神经网络的畸变电流检测方法

8.1.5　基于 $dq0$ 坐标变换的检测方法

本节介绍了基于 $dq0$ 坐标变换的方法来检测电压与电流的补偿量[5]。该检测方法即使在电网电压三相不平衡工况下,依然具有很好的实时性与准确性。

如图 8-5 所示,u_{sa}、u_{sb}、u_{sc} 为电网侧三相电压,通过傅里叶变换将三相电网电压展开,如下式所示:

$$\begin{cases} u_{sa} = \sum_{m=1}^{\infty} (u_{ma}^1 + u_{ma}^2 + u_{ma}^0) \\ u_{sb} = \sum_{m=1}^{\infty} (u_{mb}^1 + u_{mb}^2 + u_{mb}^0) \\ u_{sc} = \sum_{m=1}^{\infty} (u_{mc}^1 + u_{mc}^2 + u_{mc}^0) \end{cases} \tag{8-10}$$

式中,u_{ma}^1、u_{ma}^2、u_{ma}^0 分别表示 a 相电网电压的 m 次正序分量、m 次负序分量、m 次零序分量。令 $m=1$ 时,u_{1a}^1 则表示 a 相电网电压的正序分量。

上述的三相电网电压正序分量、负序分量以及零序分量能够以三角函数的形式来表示:

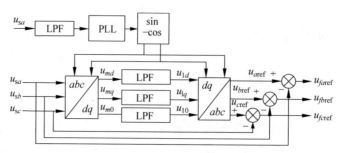

图 8-5　基于 $dq0$ 坐标系下的电流补偿量检测法

$$\begin{cases} u_{ma}^1 = \sqrt{2}\,u_m^1 \cos(m\omega t + \theta_m^1) \\ u_{mb}^1 = \sqrt{2}\,u_m^1 \cos\left(m\omega t - \dfrac{2}{3}\pi + \theta_m^1\right), \quad m \geqslant 1, m \in \mathbf{Z} \\ u_{mc}^1 = \sqrt{2}\,u_m^1 \cos\left(m\omega t + \dfrac{2}{3}\pi + \theta_m^1\right) \end{cases} \tag{8-11}$$

$$\begin{cases} u_{ma}^2 = \sqrt{2}\,u_m^2 \cos(m\omega t + \theta_m^2) \\ u_{mb}^2 = \sqrt{2}\,u_m^2 \cos\left(m\omega t - \dfrac{2}{3}\pi + \theta_m^2\right), \quad m \geqslant 1, m \in \mathbf{Z} \\ u_{mc}^2 = \sqrt{2}\,u_m^2 \cos\left(m\omega t + \dfrac{2}{3}\pi + \theta_m^2\right) \end{cases} \tag{8-12}$$

$$u_{ma}^0 = u_{mb}^0 = u_{mc}^0 = \sqrt{2}\,u_m^0 \cos(m\omega t + \theta_m^0), \quad m \geqslant 1, m \in \mathbf{Z} \tag{8-13}$$

式中，u_{ma}^1、u_{ma}^2、u_{ma}^0 分别表示 m 次的 a 相电网正序电压分量有效值、负序电压分量有效值、零序电压分量有效值；θ_m^1、θ_m^2、θ_m^0 分别表示 m 次的 a 相电网正序电压的初相角、a 相电网负序电压的初相角、a 相电网零序电压的初相角。

将式(8-10)通过 $abc/dq0$ 坐标变换到 $dq0$ 坐标系下，该变换矩阵表示为

$$T = \frac{2}{3} \begin{bmatrix} \cos\omega t & \cos\left(\omega t - \dfrac{2\pi}{3}\right) & \cos\left(\omega t + \dfrac{2\pi}{3}\right) \\ -\sin\omega t & -\sin\left(\omega t - \dfrac{2\pi}{3}\right) & -\sin\left(\omega t + \dfrac{2\pi}{3}\right) \\ \dfrac{1}{2} & \dfrac{1}{2} & \dfrac{1}{2} \end{bmatrix} \tag{8-14}$$

三相电网电压在 $dq0$ 坐标系下可以表示为

$$\begin{bmatrix} u_{md} \\ u_{mq} \\ u_{m0} \end{bmatrix} = T \begin{bmatrix} u_{sa} \\ u_{sb} \\ u_{sc} \end{bmatrix} = \begin{bmatrix} \sqrt{2} \displaystyle\sum_{m=1}^{\infty} \left[u_m^1 \cos((m-1)\omega t + \theta_m^1) + u_m^2 \cos((m+1)\omega t + \theta_m^2) \right] \\ \sqrt{2} \displaystyle\sum_{m=1}^{\infty} \left[u_m^1 \sin((m-1)\omega t + \theta_m^1) - u_m^2 \cos((m+1)\omega t + \theta_m^2) \right] \\ \sqrt{2} \displaystyle\sum_{m=1}^{\infty} u_m^0 \cos(m\omega t + \theta_m^0) \end{bmatrix}$$

$$\tag{8-15}$$

式中，u_{md}、u_{mq}、u_{m0} 是 m 次三相电网电压在 $dq0$ 坐标系下的分量，在 abc 坐标系下的 m 次正序电压分量在经过 $abc/dq0$ 坐标变换之后，在 d 轴和 q 轴上变为 $(m-1)$ 次电压分量；在 abc 坐标系下的 m 次负序电压分量在经过 $abc/dq0$ 坐标变换之后，在 d 轴和 q 轴上变为 $(m+1)$ 次电压分量；而 m 次零序电压分量经过 $abc/dq0$ 坐标变换之后则没有发生变化，在 d 轴和 q 轴上仍然是 m 次电压分量。因此，利用低通滤波器提取出直流量 u_{1d}、u_{1q}、u_{10}，如下式所示：

$$\begin{bmatrix} u_{1d} \\ u_{1q} \\ u_{10} \end{bmatrix} = \begin{bmatrix} \sqrt{2}\,u_1^1 \cos\theta_1^1 \\ \sqrt{2}\,u_1^1 \sin\theta_1^1 \\ 0 \end{bmatrix} \tag{8-16}$$

将式(8-16)通过 $abc/dq0$ 坐标的反变换之后，能够得到三相电网基波正序电压分量：

$$\begin{bmatrix} u_{1a} \\ u_{1b} \\ u_{1c} \end{bmatrix} = \boldsymbol{T}_{abc/dq}^{-1} \begin{bmatrix} u_{1d} \\ u_{1q} \end{bmatrix} = \begin{bmatrix} \sqrt{2}\,u_1^1 \cos(\omega t + \theta_1^1) \\ \sqrt{2}\,u_1^1 \cos\left(\omega t - \frac{2}{3}\pi + \theta_1^1\right) \\ \sqrt{2}\,u_1^1 \cos\left(\omega t + \frac{2}{3}\pi + \theta_1^1\right) \end{bmatrix} \tag{8-17}$$

将由 UPQC 系统中的串联变流器补偿后的微电网三相电压定义为：u_a、u_b、u_c，将系统的额定值设置为 u_n，参考电压的相位角应该与 PCC 处的基波正序电压的相位角 θ_1^1 相一致。那么微电网中的三相目标电压，即微电网的三相基波电压可以表示为

$$\begin{bmatrix} u_{a\,\text{ref}} \\ u_{b\,\text{ref}} \\ u_{c\,\text{ref}} \end{bmatrix} = \begin{bmatrix} \sqrt{2}\,u_n \cos(\omega t + \theta_1^1) \\ \sqrt{2}\,u_n \cos\left(\omega t - \frac{2}{3}\pi + \theta_1^1\right) \\ \sqrt{2}\,u_n \cos\left(\omega t + \frac{2}{3}\pi + \theta_1^1\right) \end{bmatrix} \tag{8-18}$$

通过 UPQC 中的串联变流器能够解决电网侧电压(即 PCC 处电压)的电压暂降/骤升、电压三相不平衡、谐波畸变等电压质量问题。为了将微电网三相电压所得电压控制在额定范围内，将微电网三相目标电压减去 PCC 处的三相电压，所得电压就是串联变流器所输出的二相补偿电压，如下所示：

$$\begin{bmatrix} u_{fa\,\text{ref}} \\ u_{fb\,\text{ref}} \\ u_{fc\,\text{ref}} \end{bmatrix} = \begin{bmatrix} u_{a\,\text{ref}} - u_{sa} \\ u_{b\,\text{ref}} - u_{sb} \\ u_{c\,\text{ref}} - u_{sc} \end{bmatrix} = \begin{bmatrix} \sqrt{2}\,u_n \cos(\omega t + \theta_1^1) - u_{sa} \\ \sqrt{2}\,u_n \cos\left(\omega t - \frac{2}{3}\pi + \theta_1^1\right) - u_{sb} \\ \sqrt{2}\,u_n \cos\left(\omega t + \frac{2}{3}\pi + \theta_1^1\right) - u_{sc} \end{bmatrix} \tag{8-19}$$

因为本节讨论的是三相三线制的 UPQC 系统，所以没有零序电流。基于 $dq0$ 坐标变换的电流检测方法与电压检测方法相类似，这里就不过多描述。

8.2　补偿量检测方法仿真研究

为了验证上述所提检测方法的有效性，本节通过 MATLAB/Simulink 分别对 i_p-i_q 检测方法、自适应谐波检测方法(adaptive harmonic detection，AHD)、$dq0$ 检测方法进行仿真

研究,对 UPQC 的负载侧电压和电网侧电流进行补偿量检测,即本节所提到的谐波检测。将参数设置为电网侧线电压有效值为 380 V,频率为工频 50 Hz。

8.2.1 电网正常运行工况下仿真研究

图 8-6 给出了电网正常运行工况下基于不同的检测方法得到的基波/谐波检测结果。从图 8-6(a) 和图 8-6(b) 可以看出,采用 AHD 方法得到的电压与电流基波分量中仍然存在一些谐波成分。经过一个信号周期的补偿后,由 i_p-i_q 检测方法和 $dq0$ 检测方法可以较好地获得基波分量,从而保证了系统的补偿电压和电流精度达到了预期结果。谐波电压和电流的波形分别如图 8-6(c) 和图 8-6(d) 所示,采用 AHD 方法得到的谐波电压和电流会出现突变现象。与 i_p-i_q 检测方法相比,采用 $dq0$ 检测方法不仅能够在较短时间内检测到谐波分量,还可以观测到较好的谐波电压/电流波形。

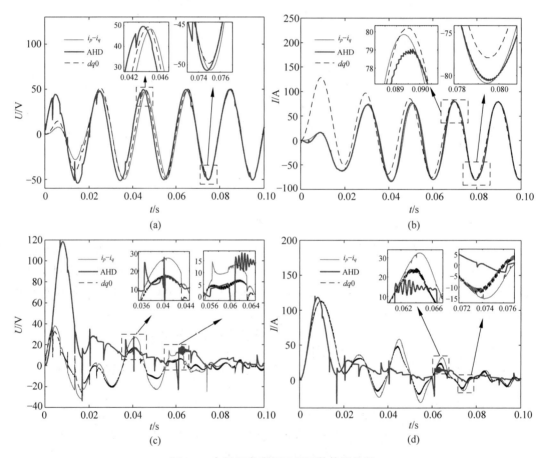

图 8-6   电网正常运行工况下的检测结果
(a) 负载侧基波电压;(b) 电网侧基波电流;(c) 负载侧谐波电压;(d) 电网侧谐波电流

综上所述,经过仿真研究发现,在电网正常运行工况下,在负载侧电压谐波检测和电网侧电流(即 PCC 处电流)谐波检测方面,采用 $dq0$ 检测方法得到的结果均优于采用 AHD 方法和 i_p-i_q 检测方法;在电网侧电流和负载侧电压基波检测方面上,AHD 方法效果最差,

$dq0$ 检测方法与 i_p-i_q 检测方法的效果大致相同。

最后,通过 MATLAB/Simulink 中的 Powergui 模块里的 FFT analysis 对负载侧电压与电网侧电流谐波进行分析,得到如表 8-1 所示的负载侧电压和电网侧电流的 THD 值。仿真结果表明,当系统不采用任何补偿策略时,负载侧电压和电网侧电流的 THD 值都较高,会影响电能质量。对所提的三种谐波检测方法进行比较,发现采用 $dq0$ 检测方法得到的 THD 值比采用 AHD 方法和 i_p-i_q 检测方法更低。

表 8-1　负载侧电压与电网侧电流的 THD

检测目标	检测方法	THD/%(负载侧电压)			THD/%(电网侧电流)		
		a 相	b 相	c 相	a 相	b 相	c 相
负载侧电压、电网侧电流	无补偿	17.25	18.76	17.82	15.06	16.85	15.77
	i_p-i_q	2.18	2.37	2.21	2.70	2.93	2.79
	AHD	3.84	4.03	3.95	4.20	4.41	4.36
	$dq0$	1.55	1.63	1.57	1.65	1.62	1.70

8.2.2　电网电压发生三相不平衡工况下仿真研究

这部分内容是为了验证三种检测方法在电网电压三相不平衡条件下的检测效果。如图 8-7 所示,在 $t=0.2\sim0.4$ s 时,设定由系统故障引起电网电压三相不平衡。假设在故障期间,电网电压降至 $v_s^{+1}=0.6\angle-45°(\text{pu})$ 和 $v_s^{-1}=0.2\angle+45°(\text{pu})$(假定故障发生前的电压幅度为 1 pu)。

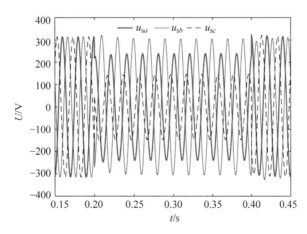

图 8-7　电网电压发生三相不平衡故障

在图 8-8(a)与图 8-8(c)中,采用 $dq0$ 检测方法所得到的负载侧基波电压波形是较为完整的正弦波,采用另外两种方法得到的波形都产生畸变。经过一段时间的谐波补偿后,采用 $dq0$ 检测方法能够很好地检测出基波分量,而采用另外两种方法得到的检测效果不如采用 $dq0$ 检测方法。在图 8-8(b)与图 8-8(d)中,采用 AHD 方法所得到的电网侧电流波形仍然存在畸变,表明这种方法并不适用于三相电压不平衡工况下。此外,采用 i_p-i_q 与 $dq0$ 这两种检测方法得到的基波与谐波波形都比较相似,都是较为完好的正弦波,但是采用 i_p-i_q 法

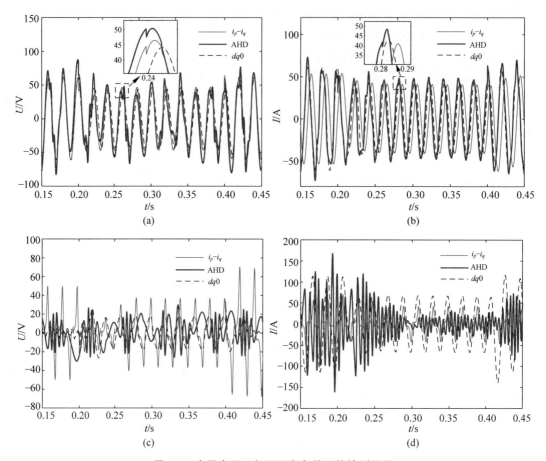

图 8-8   电网电压三相不平衡条件下的检测结果
（a）负载侧基波电压；（b）电网侧基波电流；（c）负载侧谐波电压；（d）电网侧谐波电流

得到的波形会存在一定的相位延迟。最后经过一段时间的谐波补偿后，采用 $dq0$ 检测方法所检测到的谐波也比较有规律性。

表 8-2 展示了基于三种检测方法得到的负载侧电压和电网侧电流的 THD 情况。通过对表中数据进行比较可得，当系统采用 $dq0$ 检测方法时，在三相电压不平衡工况下能够检测到最低 THD 值。上述描述表明，在电网电压三相不平衡工况下，$dq0$ 检测方法依然能够发挥作用，配合后文所提到的控制策略，可以有效地消除负载侧电压与电网侧电流的谐波。

表 8-2   负载侧电压与电网侧电流的 THD

检测目标	检测方法	THD/%（负载侧电压）			THD/%（电网侧电流）		
		a 相	b 相	c 相	a 相	b 相	c 相
负载侧电压，电网侧电流	无补偿	24.27	19.55	17.82	35.56	32.49	37.81
	i_p-i_q	9.01	8.90	10.98	11.79	12.76	13.05
	AHD	16.01	12.61	24.00	18.71	14.95	31.72
	$dq0$	1.72	1.48	0.76	2.68	4.24	4.61

8.2.3　补偿量检测方法仿真研究小结

通过 MATLAB/Simulink 仿真验证了三种检测方法在电网正常运行和电网电压三相不平衡工况下的检测效果并对其进行对比,同时进行了负载侧电压和电网侧电流的 THD 分析。综上所述,本章所采用的基于 $dq0$ 坐标变换的补偿量检测方法的贡献主要体现在以下几个方面:

(1) 与本章介绍的 AHD 方法相比,当基于 UPQC 的微电网系统正常运行时,AHD 方法的检测效果并不是很好,存在一定的误差;采用 i_p-i_q 和 $dq0$ 检测方法可以更好地检测出基波和谐波波形,同时,还为变流器的控制策略提供了期望的电压/电流补偿量。

(2) 当电网电压发生三相不平衡故障时,采用 AHD 方法得到的波形仍然存在畸变现象。i_p-i_q 检测方法不适用于基波检测,因为其检测结果存在着一定的相位误差。而本章采用 $dq0$ 检测方法得到的结果具有良好的实时性和准确性,即使当电网电压存在不平衡时,其检测效果也不会受到影响。

8.3　不平衡电网下的锁相环性能分析

8.3.1　基本锁相环

锁相环(phase locked loop,PLL)是一个利用相位同步产生的电压来调整压控振荡器以便于产生目标频率的负反馈闭环系统,具有易于实现和鲁棒性好的特点,是目前最流行的并网变流器同步技术。它主要通过反馈回路控制系统内部的压控振荡器,使其与外部周期信号的时序保持一致,来自动跟随输入信号[6]。

图 8-9(a)为锁相环的基本结构框图,它给出了 PLL 的三个组成部分:相位检测器(phase detector,PD)、环路滤波器(loop filter,LF)和压控振荡器(voltage controlled oscillator,VCO)。其中,环路滤波器一般是一个比例积分(proportional integral,PI)控制器,在大多数情况下,通过一阶低通滤波器(low pass filter,LPF)与 PI 控制器级联来提高锁相环滤波能力。然而,一阶 LPF 抑制电网扰动的能力有限,因此,在某些情况下,在 PLL 控制回路中使用高阶 LPF 可能是有用的。不同 PLL 之间的主要区别在于如何实现 PD 单元[7]。

传统的 PD 单元用于测量输出和输入信号之间的相位差,然后将其传输到环路滤波器,同时通过 LF 单元得到直流分量。通过 VCO 单元,可以将得到的直流分量放大并且能够得到输出信号的频率,即对频率进行积分来得到相角。如果输出信号的频率锁定输入信号,则输入和输出信号之间的相位差将为零。

传统 PLL 的模块结构如图 8-9(b)所示,从 PD 单元的角度看,最简单的锁相环是基于功率的锁相环,它把正弦乘法器作为 PD 单元,LF 单元一般为二阶低通滤波器,VCO 单元通常由一个正弦函数发生器、一个积分器以及一个 PI 控制器组成。一个相位角 $\theta_o = \omega_o t + \varphi_o$ 的输出信号为 $y = \sin\theta_o$,另一个相位角 $\theta_g = \omega_g t + \varphi_g$ 的输入信号为 $e = E\cos\theta_g$。因此,

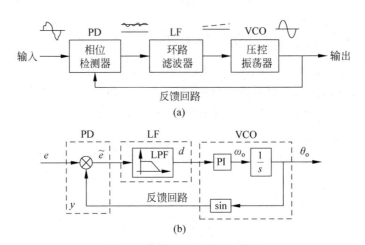

图 8-9 传统锁相环的原理框图

（a）锁相环的基本结构；（b）锁相环的模块结构

PD 单元的输出信号如下式所示：

$$\tilde{e} = ey = E\sin\theta_o\cos\theta_g$$
$$= \frac{E}{2}\sin\left[(\omega_o - \omega_g)t + (\varphi_o - \varphi_g)\right] + \qquad (8\text{-}20)$$
$$\frac{E}{2}\sin\left[(\omega_o + \omega_g)t + (\varphi_o + \varphi_g)\right]$$

在式(8-20)中，前一项为含有 e 和 y 相位差的低频分量，而后一项为可被低通滤波器单元滤除的高频分量。LF 单元的输出信号 d 可表示为

$$d = \frac{E}{2}\sin\left[(\omega_o - \omega_g)t + (\varphi_o - \varphi_g)\right] \qquad (8\text{-}21)$$

输出信号 d 经过 PI 控制器后产生频率 ω_o，该信号频率被积分后形成相位，以 $y = \sin\theta_o$ 的形式作为输出信号反馈至 PD 单元，从而构成反馈回路。当反馈回路稳定时，$d = 0$ 且 $\theta_o = \theta_g$，即 $\omega_o = \omega_g$，$\varphi_o = \varphi_g$。这样，输入信号 e 的相位就被输出信号 y 锁定了，即当二者相等时，反馈回路被锁定，这种方式称为入锁。

8.3.2 同步旋转参考坐标系锁相环

在三相并网电压源变流器的研究中，产生了许多种锁相环，其中最常用的是同步旋转参考坐标系锁相环(synchronous reference frame-PLL，SRF-PLL)，它的基本模型足够精确，可以满足许多研究工作中的基本相位角跟踪过程。图 8-10 给出了 SRF-PLL 的原理框图[8-9]。

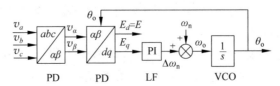

图 8-10 SRF-PLL 的原理框图

假设三相电网电压为 $\boldsymbol{v}_{abc} = \begin{bmatrix} v_a & v_b & v_c \end{bmatrix}^{\mathrm{T}}$，通过 $abc/\alpha\beta$ 坐标变换，将三相电网电压 $\boldsymbol{v}_{abc}$ 从自然坐标系(abc)转换到静止参考坐标系($\alpha\beta$)上：

$$\boldsymbol{v}_{\alpha\beta} = \begin{bmatrix} v_\alpha \\ v_\beta \end{bmatrix} = \frac{2}{3} \begin{bmatrix} 1 & -\dfrac{1}{2} & -\dfrac{1}{2} \\ 0 & -\dfrac{\sqrt{3}}{2} & \dfrac{\sqrt{3}}{2} \end{bmatrix} \boldsymbol{v}_{abc} = \boldsymbol{T}_{abc/\alpha\beta} \times \boldsymbol{v}_{abc} \tag{8-22}$$

再由 $\alpha\beta/dq$ 坐标变换能够得到

$$\boldsymbol{v}_{dq} = \begin{bmatrix} E_d \\ E_q \end{bmatrix} = \begin{bmatrix} \cos\theta_\mathrm{o} & -\sin\theta_\mathrm{o} \\ \sin\theta_\mathrm{o} & \cos\theta_\mathrm{o} \end{bmatrix} \boldsymbol{v}_{\alpha\beta} = \boldsymbol{T}_{\alpha\beta/q} \times \boldsymbol{v}_{\alpha\beta} \tag{8-23}$$

理想的三相电网电压矢量为

$$\begin{bmatrix} v_a \\ v_b \\ v_c \end{bmatrix} = E \begin{bmatrix} \cos\theta \\ \cos(\theta - 2\pi/3) \\ \cos(\theta + 2\pi/3) \end{bmatrix} \tag{8-24}$$

再由式(8-22)和式(8-23)可以得出

$$\begin{bmatrix} E_d \\ E_q \end{bmatrix} = \boldsymbol{T}_{\alpha\beta/dq} \times \boldsymbol{T}_{abc/\alpha\beta} \times \boldsymbol{v}_{abc} = E \begin{bmatrix} \cos(\theta_\mathrm{o} - \theta) \\ \sin(\theta_\mathrm{o} - \theta) \end{bmatrix} \tag{8-25}$$

综上所述，三相电网电压在三相同步旋转坐标系中含有两个直流分量 E_d 和 E_q。SRF-PLL 的目标是锁定输入信号的相位角，即得到 $\theta_\mathrm{o} = \theta$。处理的方式是：在系统稳态条件下，使 q 轴直流分量 $E_q = 0$，将 d 轴直流分量 E_d 传输至 PI 控制器。正因为如此，PI 控制器的输出 $\Delta\omega_\mathrm{n}$ 实际上就是所估测到的频率值，此时对估测到的频率值进行一次积分的变化，就能够得到估测的相位角 θ_o，如图 8-10 所示。三相电网电压的幅值 E_m 可以从式(8-26)得到：

$$E = \sqrt{E_d^2 + E_q^2} \tag{8-26}$$

当出现相位锁定的情况时，$E = E_d$，这时，三相电网电压的频率、幅值和相角都能够由 SRF-PLL 得到。

在理想的电网电压条件下，SRF-PLL 在相位/频率跟踪能力和动态响应方面都取得了令人满意的性能。然而，在不利的电网条件下，即当电网电压发生不平衡或畸变的情况时，系统性能严重降低：在估计的相位/频率上出现二倍频振荡现象。虽然这个问题可以通过减少 SRF-PLL 的带宽、牺牲动态响应速度来缓解，但是，这一措施在某些应用中可能不是一个可接受的解决方案，例如并网运行模式的分布式发电系统[10]和低电压穿越技术[11]。另一种缓解上述问题的方法是在控制回路中加入额外的低通滤波器[12]，在这种情况下，必须仔细设计 LPF 的阶数和截止频率，以便在响应速度和抗干扰能力之间选择一个令人满意的结果。

当电网电压发生三相不平衡故障时，SRF-PLL 会受到电压二次谐波分量的影响，导致其检测到的电网电压幅值和相角存在明显的二倍频振荡现象[12-15]。为了克服这一缺点，下面将分析介绍两种锁相环，即双二阶广义积分器锁相环和解耦双同步坐标系锁相环，以处理电网电压不平衡情况，减少二倍频振荡现象对 PLL 工作效果的影响。

8.3.3 双二阶广义积分器锁相环

当处于并网运行模式时,传统的锁相环方法会存在对电网电压谐波、频率变化敏感的问题。因此,引入双二阶广义积分器锁相环(dual second order generalized integrator-PLL, DSOGI-PLL),该锁相环基于二阶广义积分器来提取电网电压正负序分量[16]。与 SRF-PLL 相比,DSOGI-PLL 具有较好的适应性,能够快速捕获电网电压基波频率与相位角,此外,当电网发生三相不对称故障时,能够削弱畸变谐波对 DSOGI-PLL 的影响[17]。

根据式(8-27)和式(8-28)的变换能够将三相不对称的电网电压$\boldsymbol{v}_{abc}$分解为瞬时正序电压分量$\boldsymbol{v}_{abc}^+$、瞬时负序电压分量$\boldsymbol{v}_{abc}^-$以及瞬时零序电压分量$\boldsymbol{v}_{abc}^0$,即$\boldsymbol{v}_{abc}=\boldsymbol{v}_{abc}^++\boldsymbol{v}_{abc}^-+\boldsymbol{v}_{abc}^0$。因为本章中研究的是基于三相三线制的 UPQC 微电网结构,在三相三线制的电网系统中,不存在零序分量,所以$\boldsymbol{v}_{abc}=\boldsymbol{v}_{abc}^++\boldsymbol{v}_{abc}^-$。当发生三相电压不对称故障时,将三相电网电压$\boldsymbol{v}_{abc}$中的正序电压分量$\boldsymbol{v}_{abc}^+$和负序电压分量$\boldsymbol{v}_{abc}^-$分别表示为

$$\boldsymbol{v}_{abc}^+=\begin{bmatrix}v_a^+\\v_b^+\\v_c^+\end{bmatrix}=\frac{1}{3}\begin{bmatrix}1&\boldsymbol{\alpha}&\boldsymbol{\alpha}^2\\\boldsymbol{\alpha}^2&1&\boldsymbol{\alpha}\\\boldsymbol{\alpha}&\boldsymbol{\alpha}^2&1\end{bmatrix}\begin{bmatrix}v_a\\v_b\\v_c\end{bmatrix}=\boldsymbol{T}_+\boldsymbol{v}_{abc} \tag{8-27}$$

$$\boldsymbol{v}_{abc}^-=\begin{bmatrix}v_a^-\\v_b^-\\v_c^-\end{bmatrix}=\frac{1}{3}\begin{bmatrix}1&\boldsymbol{\alpha}^2&\boldsymbol{\alpha}\\\boldsymbol{\alpha}&1&\boldsymbol{\alpha}^2\\\boldsymbol{\alpha}^2&\boldsymbol{\alpha}&1\end{bmatrix}\begin{bmatrix}v_a\\v_b\\v_c\end{bmatrix}=\boldsymbol{T}_-\boldsymbol{v}_{abc} \tag{8-28}$$

其中,$\boldsymbol{\alpha}=\mathrm{e}^{\mathrm{j}2\pi/3}$代表 120°相移。

根据式(8-22),将$\boldsymbol{v}_{abc}$的正序电压分量$\boldsymbol{v}_{abc}^+$和负序电压分量$\boldsymbol{v}_{abc}^-$进行$abc/\alpha\beta$坐标变换,可以表示为

$$\begin{cases}\boldsymbol{v}_{\alpha\beta}^+=\boldsymbol{T}_{abc/\alpha\beta}\,\boldsymbol{v}_{abc}^+\\\boldsymbol{v}_{\alpha\beta}^-=\boldsymbol{T}_{abc/\alpha\beta}\,\boldsymbol{v}_{abc}^-\end{cases} \tag{8-29}$$

将式(8-27)和式(8-28)代入式(8-29),可以得到

$$\begin{cases}\boldsymbol{v}_{\alpha\beta}^|=\boldsymbol{T}_{abc/\alpha\beta}\boldsymbol{T}_+\,\boldsymbol{v}_{abc}\\\boldsymbol{v}_{\alpha\beta}^-=\boldsymbol{T}_{abc/\alpha\beta}\boldsymbol{T}_-\,\boldsymbol{v}_{abc}\end{cases} \tag{8-30}$$

由式(8-22)还可以得到$\boldsymbol{v}_{abc}=\boldsymbol{T}_{abc/\alpha\beta}^{-1}\boldsymbol{v}_{\alpha\beta}$,然后将其代入式(8-30),可以得到

$$\begin{cases}\boldsymbol{v}_{\alpha\beta}^+=\boldsymbol{T}_{abc/\alpha\beta}\boldsymbol{T}_+\,\boldsymbol{T}_{abc/\alpha\beta}^{-1}\,\boldsymbol{v}_{\alpha\beta}\\\boldsymbol{v}_{\alpha\beta}^-=\boldsymbol{T}_{abc/\alpha\beta}\boldsymbol{T}_-\,\boldsymbol{T}_{abc/\alpha\beta}^{-1}\,\boldsymbol{v}_{\alpha\beta}\end{cases} \tag{8-31}$$

最后对式(8-31)进行矩阵$\boldsymbol{T}_{abc/\alpha\beta}\boldsymbol{T}_+\boldsymbol{T}_{abc/\alpha\beta}^{-1}$运算,得到三相电网电压的正序电压分量和负序电压分量:

$$\boldsymbol{v}_{\alpha\beta}^+=\frac{1}{2}\begin{bmatrix}1&-\boldsymbol{q}\\\boldsymbol{q}&1\end{bmatrix}\boldsymbol{v}_{\alpha\beta} \tag{8-32}$$

$$\boldsymbol{v}_{\alpha\beta}^-=\frac{1}{2}\begin{bmatrix}1&\boldsymbol{q}\\-\boldsymbol{q}&1\end{bmatrix}\boldsymbol{v}_{\alpha\beta} \tag{8-33}$$

其中，$q=\mathrm{e}^{-\mathrm{j}\pi/2}$ 代表 90°滞后的移相因子，在时域内对原信号进行 90°的相位偏移，能够得到输入信号的交轴分量。

DSOGI-PLL 结构如图 8-11 所示，通过正负序分量计算（positive negative sequence calculator, PNSC）模块得到正序电压分量和负序电压分量，再由锁相环检测正序电压分量的相位和频率。

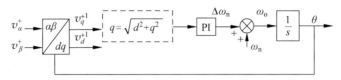

图 8-11　DSOGI-PLL 结构图

DSOGI-PLL 积分器的结构框图如图 8-12 所示，式（8-32）与式（8-33）中算子 **q** 能够由二阶广义积分器——正交信号发生器（SOGI-QSG）中的自适应滤波器来实现。在输出端，SOGI-QSG 能够减少来自输入端的高次谐波畸变的影响，同时得到和基波分量同相位的信号 v'_α 和正交量 qv'_α。

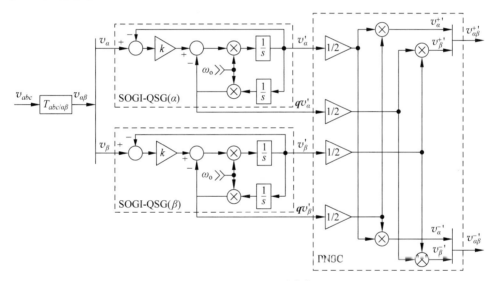

图 8-12　DSOGI-PLL 结构框图

为了简化分析，将 SOGI-QSG(α) 作为例子，基于 SOGI 的自适应滤波结构的特征传递函数表示为

$$\mathrm{SOGI}(s)=\frac{\omega s}{s^2+\omega^2} \tag{8-34}$$

v_α 到 v'_α 的传递函数 $G_d(s)$ 表示为

$$G_d(s)=\frac{k\omega s}{s^2+k\omega s+\omega^2} \tag{8-35}$$

其中，ω 代表 SOGI-QSG 的谐振频率，与电网频率相同，k 为 SOGI 的增益因子，是一个常数，其取值会直接影响锁相环系统的带宽和动态性能。v_α 到 qv'_α 的传递函数 $G_q(s)$ 表示为

$$G_q(s)=\frac{k\omega^2}{s^2+k\omega s+\omega^2} \tag{8-36}$$

当 $0 \leqslant k < 2$ 时，$G_d(s)$ 和 $G_q(s)$ 可以表示为谐振滤波器的形式，这时能够提取 v_a 中频率为谐振频率 ω_o 的分量。当 $s = \mathrm{j}\omega$、$G_d = 1$、$G_q = 1$ 时，得到结果 $v'_a = v_a$，正交量 qv'_a 和信号 v'_a 在幅值大小上相等，但是在相位角上有 $90°$ 的滞后性。当滤波器的中心频率与输入频率不一致时，$|G_d|$ 和 $|G_q|$ 的大小会逐渐变小，变化的快慢与增益 k 的大小有关。综上所述，当只有三相电压基波分量成功地通过 SOGI-QSG 时，选择较小的增益 k 能够对其他频率分量起到较好的抑制作用，但是同时也导致了进入稳态的时间加长。

由式(8-35)和式(8-36)可得，$G_d(s)$ 与 $G_q(s)$ 之间存在如下关系：

$$G_d(s) = \frac{s}{\omega} G_q(s) \tag{8-37}$$

从式(8-37)能够看出，在任何频率下，SOGI-QSG 中的信号 qv'_a 总是滞后 SOGI-QSG 的输出信号 v'_a $90°$，即输出信号 v'_a 与正交量 qv'_a 之间总是存在正交关系。

如图 8-12 所示，对三相电网电压 $\boldsymbol{v}_{abc}$ 进行 $abc/\alpha\beta$ 坐标变化，能够得出两相静止坐标系下的电压信号 $\boldsymbol{v}_a$ 和 $\boldsymbol{v}_\beta$，将 $\boldsymbol{v}_a$ 和 $\boldsymbol{v}_\beta$ 输入到两个 SOGI-QSG 中，得到直、交轴信号 v'_a、qv'_a 和 v'_β、qv'_β，将这些信号作为 PNSC 模块的输入，再由式(8-32)和式(8-33)能够计算得到三相电网电压 $\boldsymbol{v}_{abc}$ 在 $\alpha\beta$ 轴上的电压分量。最后，再由 DSOGI-PLL 得到 $v_{\alpha\beta}^{+'}$ 和 $v_{\alpha\beta}^{-'}$ 信号，通过 SRF-PLL(见图 8-10)，最终实现三相电网电压的相位角与正负序电压分量的提取。

8.3.4　解耦双同步参考坐标系锁相环

在 8.3.3 节中提到的 DSOGI-PLL 虽然能够在某种程度上削弱检测到的幅值和相角的二倍频振荡现象，但依然不能完全消除它。为了完全解决这种问题，本节使用解耦双同步参考坐标系锁相环(decoupled double synchronous reference frame-PLL，DDSRF-PLL)技术进行不平衡电网的相位检测。该技术定义了一个由正序分量和负序分量组成的不平衡电压矢量，并在双同步参考坐标系上检测正序分量。该技术结合适当的解耦系统的设计，能够在不平衡电网的条件下快速、准确地检测出三相电网电压正序分量的相角和幅值，并将其引入到 UPQC 系统中[18]。

在基于三相三线制的 UPQC 微电网系统中，不平衡电网电压可分为正序电压基波分量与负序电压基波分量，如下式所示：

$$\boldsymbol{v}_{\alpha\beta} = \begin{bmatrix} v_\alpha \\ v_\beta \end{bmatrix} = \boldsymbol{v}_{\alpha\beta}^+ + \boldsymbol{v}_{\alpha\beta}^- = E^{+1} \begin{bmatrix} \cos(\omega t + \varphi^{+1}) \\ \sin(\omega t + \varphi^{+1}) \end{bmatrix} + E^{-1} \begin{bmatrix} \cos(-\omega t + \varphi^{-1}) \\ \sin(-\omega t + \varphi^{-1}) \end{bmatrix} \tag{8-38}$$

图 8-13 给出了 DDSRF-PLL 电压矢量图。在 dq^{+1} 轴上，电压 e 以正序速度 ω_o 旋转，并且它的相角为 θ_o；在 dq^{-1} 轴上，电压 e 以负序速度 $-\omega_o$ 旋转，并且它的相角为 $-\theta_o$。

如果锁相成功的话，即 $\theta_o = \omega t$，那么经过 $\alpha\beta/dq$ 坐标变换之后，在双同步旋转坐标系下，不平衡电网电压将表示为

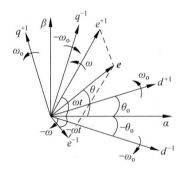

图 8-13　DDSRF-PLL 电压矢量图

$$\boldsymbol{v}_{dq^{+}} = \boldsymbol{T}_{dq^{+}} \cdot \boldsymbol{v}_{\alpha\beta} = E^{+1}\begin{bmatrix} \cos\varphi^{+1} \\ \sin\varphi^{+1} \end{bmatrix} + E^{-1}\begin{bmatrix} \cos(2\omega t) & \sin(2\omega t) \\ -\sin(2\omega t) & \cos(2\omega t) \end{bmatrix}\begin{bmatrix} \cos(\varphi^{-1}) \\ \sin(\varphi^{-1}) \end{bmatrix} \tag{8-39}$$

$$\boldsymbol{v}_{dq^{-}} = \boldsymbol{T}_{dq^{-}} \cdot \boldsymbol{v}_{\alpha\beta} = E^{-1}\begin{bmatrix} \cos\varphi^{-1} \\ \sin\varphi^{-1} \end{bmatrix} + E^{+1}\begin{bmatrix} \cos(2\omega t) & \sin(2\omega t) \\ -\sin(2\omega t) & \cos(2\omega t) \end{bmatrix}\begin{bmatrix} \cos(\varphi^{+1}) \\ \sin(\varphi^{+1}) \end{bmatrix} \tag{8-40}$$

式中，$\boldsymbol{T}_{dq^{+}} = \boldsymbol{T}_{dq^{-}}^{\mathrm{T}} = \begin{bmatrix} \cos\theta_{\mathrm{o}} & \sin\theta_{\mathrm{o}} \\ -\sin\theta_{\mathrm{o}} & \cos\theta_{\mathrm{o}} \end{bmatrix}$，上标"T"代表的是矩阵转置。

　　从式(8-39)和式(8-40)可以看出，dq^{+1} 轴与 dq^{-1} 轴上的直流分量对应于电压分量的幅值 E^{+1} 与 E^{-1}，然而 dq^{+1} 轴上的交流分量是由 dq^{-1} 轴的直流分量的二倍频振荡产生的，反之亦然。这些二倍频振荡现象也许会被简单地认为是检测 E^{+1} 与 E^{-1} 时所产生的扰动，但是通过传统滤波技术削弱这些现象会暴露以下几个关键限制：

　　(1) 能够检测到的是正序电压分量幅值和相位角的近似值，而不是其精确值。

　　(2) 检测到的正序电压分量存在畸变和不平衡现象。

　　(3) 系统的动态响应性能显著减弱。

　　为了消除二倍频振荡带来的影响，本节采用了基于 DDSRF-PLL 的解耦网络，它的工作原理框图如图 8-14 所示。该方法不仅能够检测到电压幅值的精确值，同时确保检测系统动态响应性能有着整体的改进。它是 SRF-PLL 的一种扩展形式，其最突出的特点是将解耦网络引入双同步参考坐标系中[19-20]，使得在 dq^{+1} 和 dq^{-1} 坐标轴上的二倍频振荡可以在 DDSRF-PLL 的解耦网络中被完全抵消。

　　为了便于分析，将式(8-39)和式(8-40)定义为

$$\boldsymbol{v}_{dq^{+1}} = \begin{bmatrix} v_{d^{+1}} \\ v_{q^{+1}} \end{bmatrix} = \bar{\boldsymbol{v}}_{dq^{+1}} + \boldsymbol{T}_{dq^{+2}}\,\bar{\boldsymbol{v}}_{dq^{-1}} \tag{8-41}$$

$$\boldsymbol{v}_{dq^{-1}} = \begin{bmatrix} v_{d^{-1}} \\ v_{q^{-1}} \end{bmatrix} = \bar{\boldsymbol{v}}_{dq^{-1}} + \boldsymbol{T}_{dq^{-2}}\,\bar{\boldsymbol{v}}_{dq^{+1}} \tag{8-42}$$

式中，$\bar{\boldsymbol{v}}_{dq^{+1}} = E^{+1}\begin{bmatrix} \cos\varphi^{+1} \\ \sin\varphi^{+1} \end{bmatrix}$ 与 $\bar{\boldsymbol{v}}_{dq^{-1}} = E^{-1}\begin{bmatrix} \cos\varphi^{-1} \\ \sin\varphi^{-1} \end{bmatrix}$ 分别代表双同步参考坐标系下 dq^{+1} 轴和 dq^{-1} 轴上的直流分量，即三相电网电压正、负序分量的幅值；$\boldsymbol{T}_{dq^{+2}} = \boldsymbol{T}_{dq^{-2}}^{\mathrm{T}} = \begin{bmatrix} \cos2\omega t & \sin2\omega t \\ -\sin2\omega t & \cos2\omega t \end{bmatrix}$ 是二倍频旋转变换矩阵。

　　在 DDSRF-PLL 中，正序电压分量和负序电压分量在参考坐标系下的信号之间的关系表示为

$$\boldsymbol{v}_{dq^{+1}} = \boldsymbol{T}_{dq^{+2}}\boldsymbol{v}_{dq^{-1}} \tag{8-43}$$

$$\boldsymbol{v}_{dq^{-1}} = \boldsymbol{T}_{dq^{+2}}\boldsymbol{v}_{dq^{+1}} \tag{8-44}$$

所以，双同步参考坐标系输出端的直流分量估计值可以表示为

$$\bar{\boldsymbol{v}}_{dq^{+1}}^{*} = \begin{bmatrix} \bar{\boldsymbol{v}}_{d^{+1}}^{*} \\ \bar{\boldsymbol{v}}_{q^{+1}}^{*} \end{bmatrix} = \boldsymbol{F} \cdot \lfloor \boldsymbol{v}_{dq^{+1}} - \boldsymbol{1}_{dq^{+2}}\,\boldsymbol{v}_{dq^{-1}}^{*} \rfloor \tag{8-45}$$

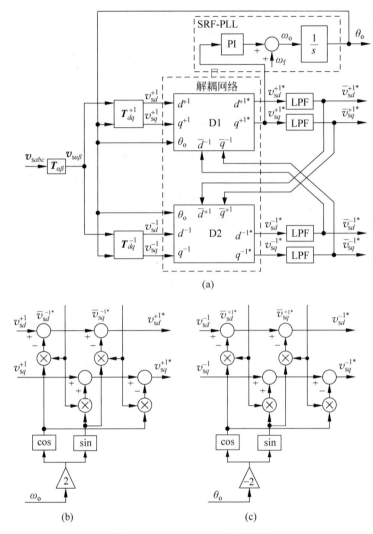

图 8-14　DDSRF-PLL 原理框图

(a) DDSRF-PLL 结构框图；(b) 解耦网络 D1；(c) 解耦网络 D2

$$\bar{\boldsymbol{v}}_{dq^{-1}}^{*} = \begin{bmatrix} \bar{\boldsymbol{v}}_{d^{-1}}^{*} \\ \bar{\boldsymbol{v}}_{q^{-1}}^{*} \end{bmatrix} = \boldsymbol{F} \cdot \begin{bmatrix} \boldsymbol{v}_{dq^{-1}} - \boldsymbol{T}_{dq^{+2}} \bar{\boldsymbol{v}}_{dq^{+1}}^{*} \end{bmatrix} \tag{8-46}$$

式中，$\boldsymbol{F} = \begin{bmatrix} \mathrm{LPF}(s) & 0 \\ 0 & \mathrm{LPF}(s) \end{bmatrix}$，$\mathrm{LPF}(s) = \dfrac{\omega_{\mathrm{f}}}{s + \omega_{\mathrm{f}}}$，$\omega_{\mathrm{f}}$ 为额定的电网频率。

8.4　不平衡电网下的锁相环性能仿真分析研究

8.4.1　基于不同锁相环检测电压信号仿真研究

为了验证 SRF-PLL、DSOGI-PLL 和 DDSRF-PLL 在不平衡电网工况下对电网电压频率、相角和幅值的跟踪检测效果,在 MATLAB/Simulink 中进行了仿真实验。设定当 $t=0.21$ s 时,系统发生某种故障,导致三相电网电压不平衡;假设故障期间三相电网电压发生跌落,降至 $v_s^{+1}=0.6\angle-45°(\mathrm{pu})$ 和 $v_s^{-1}=0.2\angle+45°(\mathrm{pu})$(假设发生某种故障之前的三相电网电压幅值为 1 pu)。如图 8-15 所示,在 $t=0.21$ s 时发生某种三相不平衡的故障,导致三相电网电压不平衡。

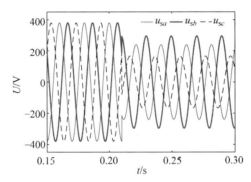

图 8-15　发生某种故障时三相不平衡电网电压

图 8-16(a)和图 8-16(b)给出了利用 SRF-PLL、DSOGI-PLL 和 DDSRF-PLL 检测和跟踪到的电网基波正序电压的频率和相位角。当 $0\ \mathrm{s}<t<0.21\ \mathrm{s}$ 时,系统没有发生故障,电网处于正常运行状态。三种不同的 PLL 检测到的电网电压频率和相位角基本完全相同,并且这三种 PLL 都可以成功实现锁相功能。当 $t>0.21\ \mathrm{s}$ 时,系统发生了某种三相不平衡故障,导致电网电压三相不平衡。这时,传统的 SRF-PLL 检测到的电网电压和相角信号发生了二倍频振荡现象。对于 DSOGI-PLL,虽然二倍频振荡现象的幅度没有那么明显,但依然发现检测到的电网电压频率和相位角不能完全消除该振荡。但是,当将 DDSRF-PLL 应用于基于 UPQC 的微电网系统中时,检测到的电网电压频率和相角信号不存在二倍频振荡现象,这进一步表明 DDSRF-PLL 在不平衡电网工况下具有更好的锁相能力。

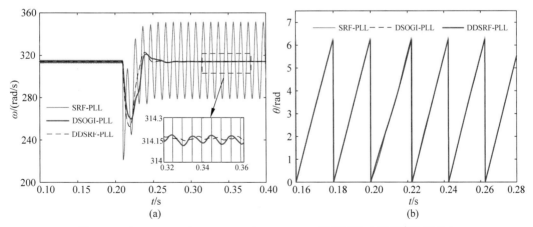

图 8-16　由 SRF-PLL/DSOGI-PLL/DDSRF-PLL 检测到的电压频率和相位角

(a) 三相电网正序基波电压频率;(b) 三相电网正序基波电压相角

与前面的仿真实验设定一致,当 $t=0.21$ s 时,系统发生某种故障,导致三相电网电压不平衡;假设故障期间三相电网电压发生跌落,降至 $v_s^{+1}=0.6\angle-45°(\mathrm{pu})$ 和 $v_s^{-1}=$

$0.2\angle+45°$(pu)。三种不同的 PLL 所检测到的三相电网电压信号波形如图 8-17 所示。

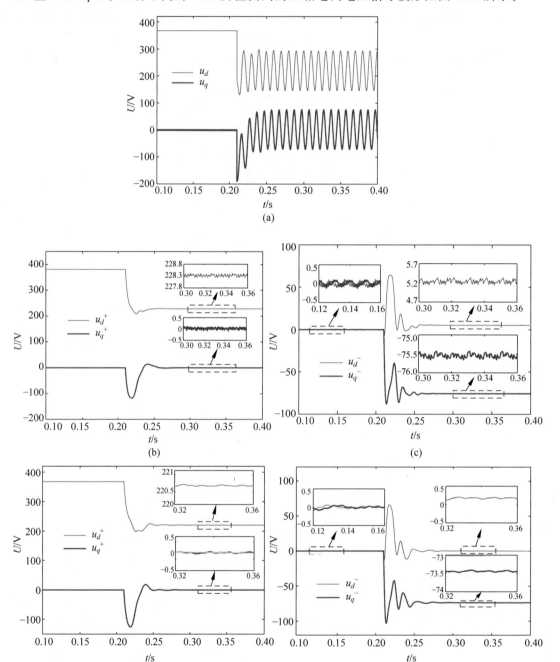

图 8-17 基于三种不同锁相环检测到的电压信号

（a）SRF-PLL 检测到的电压；（b）DSOGI-PLL 检测到的正序电压；（c）DSOGI-PLL 检测到的负序电压；
（d）DDSRF-PLL 检测到的正序电压；（e）DDSRF-PLL 检测到的负序电压

在图 8-17(a) 中，SRF-PLL 检测到的电压信号存在明显的二倍频振荡现象，无法检测到精确的电压范围。对于 DSOGI-PLL，在图 8-17(b) 和图 8-17(c) 中，正序 dq^{+1} 坐标轴和负

序 dq^{-1} 坐标轴上的电压信号仍然存在着耦合，二倍频振荡现象没有消除，但相较于 SRF-PLL，其检测的效果有很大的改善。如图 8-17(d) 和图 8-17(e) 所示，当处于不平衡电网工况下，DDSRF-PLL 完全抵消正序 dq^{+1} 坐标轴和负序 dq^{-1} 坐标轴上存在的二倍频振荡现象，精确地检测到正序电压和负序电压的幅值。上述结果证明，当电网系统中出现三相不平衡故障时，DDSRF-PLL 具有更大的故障适应性。因此，本章将 DDSRF-PLL 应用于基于 UPQC 的微电网系统中，以提供无二倍频振荡的电网电压正负序基波分量的幅值和相角信号。

8.4.2　基于不同锁相环基波和谐波检测仿真研究

当 $t=0.05$ s 时，系统处于三相不平衡故障状态。与前面仿真设定一致，在故障期间，电网电压降至 $v_s^{+1}=0.6\angle-45°(\mathrm{pu})$ 和 $v_s^{-1}=0.2\angle+45°(\mathrm{pu})$。同时，系统连接上非线性负载(R-L 负载)。在 UPQC 中，对基于不同锁相环基波和谐波检测的仿真进行研究，得到结果如图 8-18 所示。

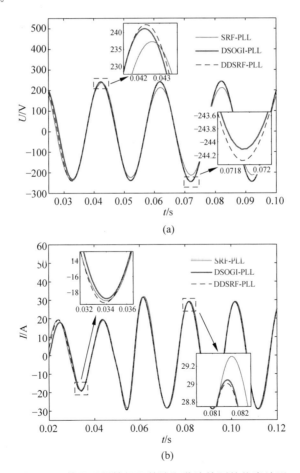

图 8-18　基于不同锁相环基波和谐波检测的仿真波形

(a) 电网侧基波电压；(b) 负载侧基波电流；(c) 电网侧谐波电压；(d) 负载侧谐波电流

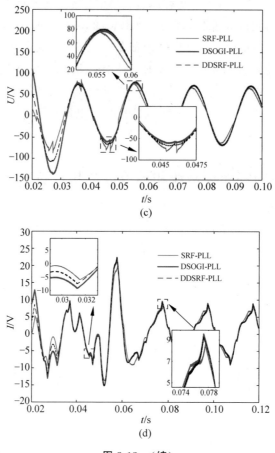

图 8-18　（续）

从图 8-18(a)与图 8-18(b)可以看到,在幅值大小方面,基于 SRF-PLL 检测到的电网侧基波电压比其他两种 PLL 得到的结果小了 4 V,负载侧基波电流比其他两种 PLL 得到的结果大了 0.3 A,精度也不如其他两种 PLL 所检测到的。经过一段时间的补偿后,基于 DSOGI-PLL 和 DDSRF-PLL 的 $dq0$ 检测法能够很好地得到基波分量。这两种锁相环检测到的基波电压和电流在幅值上是基本一致的,这表明,该系统在三相电压不平衡和非线性负载条件下对电压和电流的精度进行了补偿,并能很好地发挥锁相环的锁相能力。

由图 8-18(c)和图 8-18(d)可得,由于非线性负载的接入,负载侧电流畸变现象更加明显。在检测电网侧谐波电压时,基于 SRF-PLL 的 $dq0$ 检测方法得到的波形仍然存在畸变,这表明这种 PLL 不适用于电压不平衡条件。同时,基于 DSOGI-PLL 和 DDSRF-PLL 的 $dq0$ 检测方法检测到的谐波波形大小接近,这表明该系统能够很好地完成谐波检测工作。

表 8-3 为将三种不同的锁相环应用于电网侧基波电压与负载侧基波电流的 THD 值检测时的检测结果。可以看出,采用 SRF-PLL 这种锁相环所得到的 THD 值明显高于另外两种锁相环,说明这种锁相环在电网不平衡条件下的基波检测效果并不好;而 DSOGI-PLL 和 DDSRF-PLL 所得到的结果基本一致,说明在电网不平衡工况条件下这两种锁相环都能够较好地发挥基波检测效果。

表 8-3　基于不同锁相环的基波检测结果

检测目标	THD/%（电网侧基波电压）		THD/%（负载侧基波电流）	
	故障前	故障后	故障前	故障后
SRF-PLL	2.09	2.88	12.73	3.05
DSOGI-PLL	2.03	0.32	12.40	1.16
DDSRF-PLL	2.12	0.31	12.53	1.17

8.4.3　不平衡电网下的锁相环性能仿真分析小结

在电网电压三相不平衡工况下，通过 MATLAB/Simulink 对三种锁相环性能进行仿真分析，对电网电压的幅值、相角、频率信号进行跟踪，同时进行了基波与谐波的检测，得到以下结论：

（1）与传统的 SRF-PLL 和 DSOGI-PLL 相比，当电网电压发生三相不平衡故障时，通过 DDSRF-PLL 解耦网络能够得到三相电网电压正负序分量的幅值，然后利用 SRF PLL 检测三相电网电压相角。所采用的 DDSRF-PLL 能够有效调节正负序电压分量的幅值、相角以及电压频率，有效地消除二倍频振荡现象。

（2）在电网侧基波电压和负载侧基波电流的检测中，SRF-PLL 所得到的 THD 值明显高于另外两种 PLL 所得到的结果，而 DSOGI-PLL 与 DDSRF-PLL 所得到的结果基本一致，说明这两种锁相环在电网不平衡条件下都能够较好地发挥基波检测效果。

（3）在电网侧谐波电压和负载侧谐波电流的检测中，将 DDSRF-PLL 应用到后文所提出的控制策略中，即基于 DDSRF-PLL 的 UPQC 控制策略，能够更为准确地检测电网侧电压和负载侧电流的基波，最大限度地减少非线性负载引起的谐波干扰。

8.5　本章小结

在本章中首先详细地介绍了如今的补偿量检测方法，并通过在 MATLAB/Simulink 上建立仿真对其进行比较，选择了基于 $dq0$ 坐标变换的补偿量检测方法。该方法相较于其他传统检测方法具有良好的实时性和准确性，可以应用于非正弦和三相不平衡电路，即使当电网电压发生畸变时，也不会影响检测效果。同时，在三相不平衡电网条件下，如果采用传统的 SRF-PLL，检测到的电网电压的频率和幅值信号存在二倍频振荡现象。为了解决这一问题，在 MATLAB/Simulink 中搭建相关模型，验证 SRF-PLL、DSOGI-PLL 和 DDSRF-PLL 在三相不平衡电网电压条件下对电网电压频率、相角和幅值的跟踪检测效果。上述得到的仿真结果说明，当基于 UPQC 的微电网系统出现三相电压不平衡故障时，DDSRF-PLL 具有更大的故障适应性。因此，本章将 DDSRF-PLL 应用于基于 UPQC 的微电网系统中，以提供无二倍频振荡的电网电压正负序基波分量。

参考文献

[1]　谭智力,李勋,陈坚,等.基于简化 p-q-r 理论的统一电能质量调节器控制策略[J].中国电机工程学报,2007,27(36):85-91.

[2] LUO A,ZHAO W,DENG X,et al. Dividing frequency control of hybrid active power filter with multi-injection branches using improved i_p-i_q algorithm[J]. IEEE Transactions on Power Electronics,2009,24(10)：2396-2405.

[3] 盘宏斌,罗安,唐杰,等.一种改进的基于最小二乘法的自适应谐波检测方法[J].中国电机工程学报,2008,28(13)：144-151.

[4] 王公宝,向东阳,马伟明.基于 FFT 和神经网络的非整数次谐波分析改进算法[J].中国电机工程学报,2008,28(4)：102-108.

[5] 李亚峰,李含善,任永峰,等.用于串联型有源电力滤波器的 $dq0$ 变换[J].电工技术学报,2005,20(8)：59-63.

[6] 赵红雁,郑琼林,李艳,等.应用于三相并网系统的电网电压快速锁相技术研究[J].高电压技术,2018,44(1)：314-320.

[7] GOLESTAN S,FREIJEDO F D,GUERRERO J M. A systematic approach to design high-order phase-locked loops[J]. IEEE Transactions on Power Electronics,2015,30(6)：2885-2890.

[8] HANS F,SCHUMACHER W,HARNEFORS L. Small-signal modeling of three-phase synchronous-reference-frame phase-locked loops[J]. IEEE Transactions on Power Electronics,2018,33(7)：5556-5560.

[9] GOLESTAN S,MONFARED M,FREIJEDO F D. Design-oriented study of advanced synchronous reference frame phase-locked loops[J]. IEEE Transactions on Power Electronics,2013,28(2)：765-778.

[10] 刘闯,潘岱栋,蔡国伟,等.适合低压配电网分布式发电的抗谐波干扰型增强锁相环路技术[J].电工技术学报,2016,31(10)：185-192.

[11] ALEPUZ S,BUSQUETS-MONGE S,BORDONAU J,et al. Control strategies based on symmetrical components for grid-connected converters under voltage dips[J]. IEEE Transactions on Industrial Electronics,2009,56(6)：2162-2173.

[12] 舒泽亮,丁娜,郭育华,等.基于 SVPWM 的 STATCOM 电压电流双环控制[J].电力自动化设备,2008,28(9)：27-30.

[13] 李昂.电网故障情况下三相光伏三电平逆变器的控制技术研究[D].秦皇岛：燕山大学,2014.

[14] 陈岩.电网不平衡条件下的锁相技术研究[D].武汉：华中科技大学,2016.

[15] 郭磊,王丹,刁亮,等.针对电网不平衡与谐波的锁相环改进设计[J].电工技术学报,2018,33(6)：1390-1399.

[16] 张纯江,赵晓君,郭忠南,等.二阶广义积分器的三种改进结构及其锁相环应用对比分析[J].电工技术学报,2017,32(22)：42-49.

[17] UPAMA B,SUMIT C,CHANDAN C,et al. A novel method of frequency regulation in microgrid [J]. IEEE Transactions on Industry Applications,2019,55(1)：111-121.

[18] WANG Z,ZHENG Y,CHENG M,et al. Unified control for a wind turbine-superconducting magnetic energy storage hybrid system based on current source converters[J]. IEEE Transactions on Magnetics,2012,48(11)：3973-3976.

[19] REYES M,RODRIGUEZ P,VAZQUEZ S,et al. Enhanced decoupled double synchronous reference frame current controller for unbalanced grid-voltage conditions[J]. IEEE Transactions on Power Electronics,2012,27(9)：3934-3943.

[20] 文武松,张颖超,王璐,等.解耦双同步坐标系下单相锁相环技术[J].电力系统自动化,2016,40(20)：114-120.

第9章

基于UPQC改善微电网电能质量控制策略

在第 8 章中,针对不平衡电网工况,采用 DDSRF-PLL 能够消除电网电压信号的二倍频振荡现象。在此基础上,本章提出了基于 DDSRF-PLL 的 UPQC 控制策略来改善微电网电能质量。为了验证所提控制策略,在 MATLAB/Simulink 中搭建了相关模型。随后在电压暂降/骤升、三相电压不平衡、电压中断、电压谐波畸变的运行工况下,进行改善微电网电压质量仿真研究;同时,在切入三相不平衡负载、负载突变的运行工况下,进行改善微电网电流质量仿真研究。

在本章中,还提出基于对等控制的 UPQC 微电网运行模式,利用 MATLAB/Simulink 搭建相关模型,仿真结果表明,基于对等控制的 UPQC 运行模式能够在并网运行状态、孤岛运行状态下稳定运行,同时能够实现两种模式之间的灵活切换,在切除部分分布式电源的孤岛模式下,能够实现切负荷运行、并负荷运行、两种运行模式之间切换运行以及负荷的"即插即用"功能。

9.1 基于 DDSRF-PLL 的 UPQC 控制策略研究

9.1.1 控制策略概述

变流器的控制策略是实现改善微电网电能质量的关键技术。因此,本节将依次对比例积分(proportional integral,PI)控制、无源控制、滞环比较控制、模型预测控制、比例谐振(proportion resonant,PR)控制这 5 种控制策略进行介绍。

(1) PI 控制:它是较为常见的一种控制策略。图 9-1 给出了正序 PI 控制的工作框图,其中开关 K 适用于切换 d 轴与 q 轴的参考电流值 I_{dq}^*。当检测发现 PCC 处电压发生跌落,PI 控制能够依据无功功率[1]或电压下降量[2]进行输出量调节。此外,还将 UPQC 的容量限制考虑在内,再依据图 9-1 中的虚线框 1 得到参考电流值 I_d^* 的表达式:

$$I_d^* = \sqrt{I_{\max}^2 - I_q^{*\,2}} \tag{9-1}$$

此时再通过电流内环控制,能够得到变流器的输出电压:

$$u_d = \left(k_p + \frac{k_i}{s}\right)(I_d - I_d^*) + \omega L I_q + u_{1d} \tag{9-2}$$

$$u_q = \left(k_p + \frac{k_i}{s}\right)(I_q - I_q^*) - \omega L I_q + u_{1q} \tag{9-3}$$

PI控制技术方法简单,易于实现,考虑参数较少,但缺点在于,没有办法对并网电流进行无静差跟踪,并且动态响应速度也不够快。当采用不合适的 PI 控制参数时,容易使并网电流超过最大限定范围,导致系统无法稳定运行。如图 9-1 中的虚线框 2 所示,在外环中引入并网电流与直流侧电压作为前馈量。

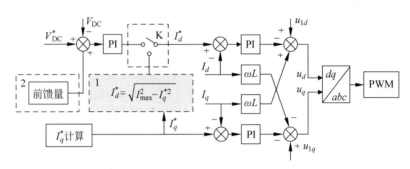

图 9-1　正序 PI 控制框图

(2) 无源控制:如图 9-2 所示,无源控制也是一种非线性控制,系统的能量是各个部分能量的总和,通过对各个变量的控制,获得最佳的控制效果[3]。首先寻求与被控制状态变量或者由状态变量表征的被控量相关的能量存储函数 H_x,同时确定与系统期望平衡点 x_0 相对应的能量存储函数 H_{x_0},基于系统的模型和无源性,再根据系统控制要求设计无源控制器,它需要满足 H_x 收敛于 H_{x_0} 或 $x_0 = A$,即 $H_x = H_{x_0}$。

设 $x_e = x - x_r$,在 UPQC 上的欧拉-拉格朗日模型可以表示为

$$M\dot{x}_e + Rx_e = u - M\dot{x}_r - Jx - Rx_r \tag{9-4}$$

将能源误差函数表示为

$$W_e(x) = \frac{1}{2}x_e^{\mathrm{T}} M x_e \tag{9-5}$$

若 $W_e(x) \to 0$,则 $x_e(x) \to 0$,即 $x \to x_r$。为了使能量误差函数快速收敛至 0,将 R_a 注入阻尼,通过一系列的变化之后,可以将等式(9-4)表示为

$$M\dot{x}_e + (R + R_a)x_e = u - M\dot{x}_r - Jx - Rx_r + R_a x_e \tag{9-6}$$

无源控制器的表达式为

$$u = M\dot{x}_r + Jx + Rx_r - R_a x_e \tag{9-7}$$

在前面所提的无源控制器的作用下,由式(9-6)可得

$$\dot{W}_e(x) = x_e^{\mathrm{T}} M \dot{x}_e = -x_e^{\mathrm{T}}(R + R_a)x_e < 0 \tag{9-8}$$

通过注入阻尼之后,能量误差函数收敛至 0 的速度则由 $R + R_a$ 决定。再将式(9-7)代入式(9-4)中,则有

$$M\dot{x}_e + (R + R_a)x_e = 0 \tag{9-9}$$

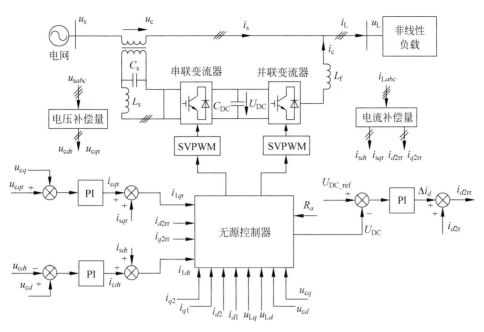

图 9-2 无源控制策略

因此,无源控制器的开关函数可以表示为

$$
\begin{cases}
S_{d1} = \dfrac{u_{cd} + L_1 \dot{i}_{d1r} - \omega L_1 i_{q1} + R_1 i_{d1r} - r_{a1}(i_{d1} - i_{d1r})}{u_{DC}} \\[4mm]
S_{q1} = \dfrac{u_{cd} + L_1 \dot{i}_{d1r} + \omega L_1 i_{q1} + R_1 i_{d1r} - r_{a1}(i_{q1} - i_{q1r})}{u_{DC}} \\[4mm]
S_{d2} = \dfrac{u_{Ld} + L_1 \dot{i}_{d2r} - \omega L_2 i_{q2} + R_2 i_{d2r} - r_{a2}(i_{d2} - i_{d2r})}{u_{DC}} \\[4mm]
S_{q2} = \dfrac{u_{Ld} + L_2 \dot{i}_{q2r} + \omega L_2 i_{d2} + R_2 i_{q2r} - r_{a2}(i_{q2} - i_{q2r})}{u_{DC}}
\end{cases}
\tag{9-10}
$$

基于无源控制策略设计的系统无源控制器可以实现系统的全局稳定性,无奇异点问题,对系统参数变化及外来扰动有较强的鲁棒性[4]。

(3)滞环比较控制:如图 9-3 所示,电流滞环比较控制是将检测到的逆变器输出电流与参考值作比较,把产生的误差信号 Δi 送入滞环比较器中。当误差小于滞环比较器设定的滞环环宽 Δh 时,将逆变器的功率开关管开通;反之,则将关断逆变器的功率开关管,将逆变器输出电流误差信号 Δi 控制在滞环环宽范围内。滞环比较控制的优点在于,稳定性较强,动态响应速度快,结构简洁,被控对象对参数的变化并不敏感。但是在控制过程中,滞环环宽 Δh 是保持不变的,从而导致开关频率不稳定,造成设计滤波电感的数值难以确定。为了降低逆变器的开关频率,减少损耗,文献[5-6]提出一种新型的滞环电流比较控制方法,它是基于可变的自适应滞环环宽 Δh。为了解决传统滞环比较控制中逆变器开关频率不稳定的问题,文献[7]提出了一种准恒频滞环电流比较控制。

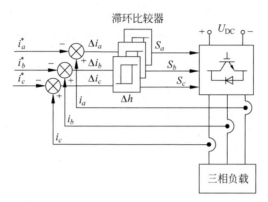

图 9-3　滞环比较控制

（4）模型预测控制：常用的模型预测控制的工作原理如图 9-4 所示。

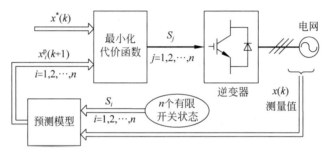

图 9-4　模型预测控制

利用式（9-11）和式（9-12）预测 t_{k+1} 时刻逆变器的输出电流值 $\hat{i}(k+1)$ 和 DC 环节电容两端电压值 $\hat{v}_{C1}(k+1)$ 和 $\hat{v}_{C2}(k+1)$：

$$\hat{i}(k+1)=\left(1-\frac{RT_s}{L}\right)\cdot i(k)+\frac{T_s}{L}\cdot[v(k)-e(k)] \tag{9-11}$$

$$\begin{cases} \hat{v}_{C1}(k+1)=v_{C1}(k)+\dfrac{1}{C_1}\hat{i}_{C1}(k)T_s \\[2mm] \hat{v}_{C2}(k+1)=v_{C2}(k)+\dfrac{1}{C_2}\hat{i}_{C2}(k)T_s \end{cases} \tag{9-12}$$

式中，$\hat{v}(k)$ 为最优开关状态 $S(k)$ 所对应的最优电压矢量；$\hat{i}_{C1}(k)$ 和 $\hat{i}_{C2}(k)$ 分别为 $S(k)$ 作用下根据式（9-12）得到的流过直流侧电容 C_1 和 C_2 的电流值。

以 $\hat{i}(k+1)$、$\hat{v}_{C1}(k+1)$ 和 $\hat{v}_{C2}(k+1)$ 为反馈量，在逆变器所有 27 个开关状态下，对下一采样时刻 t_{k+2} 的并网电流以及 DC 侧电容电压进行预测，可得

$$i^p(k+2)=\left(1-\frac{RT_s}{L}\right)\cdot\hat{i}(k+1)+\frac{T_s}{L}\cdot[v(k+1)-e(k+1)] \tag{9-13}$$

$$\begin{cases} v^p_{C1}(k+2)=\hat{v}_{C1}(k+1)+\dfrac{1}{C_1}i_{C1}(k+1)T_s \\[2mm] v^p_{C2}(k+2)=\hat{v}_{C2}(k+1)+\dfrac{1}{C_2}i_{C2}(k+1)T_s \end{cases} \tag{9-14}$$

式中,$e(k+1)$为t_{k+1}时刻的电网电压。由于电网的基波频率远远低于 FCS-MPC 控制过程中的采样频率(通常为 10 kHz 及以上),因此可以认为在一个采样周期内电网幅值不会发生很大改变,即$e(k+1)\approx e(k)$。

遍历三电平 NPC 逆变器的 27 个开关状态,依次计算出每个开关状态对应的代价函数值:

$$g = |i_\alpha^*(k+2) - i_\alpha^p(k+2)| + |i_\beta^*(k+2) - i_\beta^p(k+2)| + \\ \lambda_{DC} \cdot |v_{C1}^p(k+2) - v_{C2}^p(k+2)| + \lambda_n \cdot n_c \tag{9-15}$$

模型预测控制技术的主要优点是无需调制单元,而且,它还可以直接根据逆变器的离散化模型和开关状态的有限特性,计算出逆变器的最优开关状态,控制灵活,概念直观,但是约束条件过多会导致计算量增大。

(5) PR 控制:典型 PR 控制框图如图 9-5 所示。与 PI 控制相比,PR 控制在$\alpha\beta$坐标系中即可完成控制目标,无需复杂的坐标转换和前馈解耦环节,这样能够加快系统的计算速度。

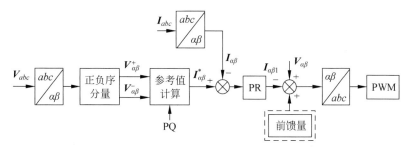

图 9-5　典型 PR 控制框图

将流向变流器的三相电压与电流通过$abc/\alpha\beta$坐标变换可得

$$\boldsymbol{V}_{\alpha\beta} = \begin{bmatrix} v_\alpha \\ v_\beta \end{bmatrix} = \frac{2}{3} \begin{bmatrix} 1 & -\dfrac{1}{2} & -\dfrac{1}{2} \\ 0 & \dfrac{\sqrt{3}}{2} & \dfrac{\sqrt{3}}{2} \end{bmatrix} \boldsymbol{V}_{abc} = \boldsymbol{T}_{abc/\alpha\beta} \times \boldsymbol{V}_{abc} \tag{9-16}$$

$$\boldsymbol{I}_{\alpha\beta} = \begin{bmatrix} I_\alpha \\ I_\beta \end{bmatrix} = \frac{2}{3} \begin{bmatrix} 1 & -\dfrac{1}{2} & -\dfrac{1}{2} \\ 0 & -\dfrac{\sqrt{3}}{2} & \dfrac{\sqrt{3}}{2} \end{bmatrix} \boldsymbol{I}_{abc} = \boldsymbol{T}_{abc/\alpha\beta} \times \boldsymbol{I}_{abc} \tag{9-17}$$

通过 PR 控制器之后的两相电流$\boldsymbol{I}_{\alpha\beta1}$可以表示为

$$\boldsymbol{I}_{\alpha\beta1} = -(\boldsymbol{I}_{\alpha\beta} - \boldsymbol{I}_{\alpha\beta}^*)\left(K_p + \frac{K_i s}{s^2 + \omega^2}\right) \tag{9-18}$$

PR 控制实质上是对 PI 控制的改进,它是在比例环节中引入谐振环节,目的是增大谐振频率处系统的开环增益,提高控制系统的抗干扰能力,实现零稳态误差,有效解决了正序 PI 控制无法对逆变器输出电流进行无静差跟踪的问题[8-9]。

将前面提到的 PI 控制、无源控制、PR 控制、滞环比较控制、模型预测控制的优缺点进行对比,如表 9-1 所示。

表 9-1　不同控制策略优缺点比较

控 制 策 略	优　点	缺　点
正序 PI 控制	控制原理简单,调节参数少,结构简洁,易于工程实现,能够减小或消除静差	响应速度慢,参数影响大,容易产生振荡
无源控制	具有全局稳定性,无奇异点,无超调及振荡现象	当收敛到期望平衡点时,收敛速度会变慢,导致有误差存在
PR 控制	无需变换,易实现无静差调节和低次谐波补偿,可以有效消除谐波	对模拟器件参数精度和数字系统精度要求高,只对固定频率有效
滞环比较控制	闭环控制原理简单,易于实现,对电路参数变化不敏感,动态响应快	开关频率不固定,要求较高
模型预测控制	概念直观,控制效果好,鲁棒性强,无需调制器,具有较好的动态与稳态性能	人为约束加入导致计算量加大

9.1.2　基于 DDSRF-PLL 的 UPQC 控制策略

在 UPQC 的间接控制策略中,需要快速且精确地得到电压与电流的补偿量,经过 SVPWM 算法产生触发信号,使得两个变流器中各个开关器件同时动作。在图 9-6 中提出了一种基于 DDSRF-PLL 的 UPQC 控制策略来改善微电网的电能质量,其中,并联变流器采取的是电压电流双环控制,串联变流器采取的是分相控制[10]。

因为基于 $dq0$ 坐标变换的检测方法原理已经在 8.1.5 节中介绍过,所以这里就不重复阐述。在 abc 坐标系下,并联变流器一侧的数学模型可以表示为

$$\begin{cases} L_{\mathrm{req}} \dfrac{\mathrm{d}i_{\mathrm{p}a}}{\mathrm{d}t} = u_{\mathrm{L}a} - u_a - R_{\mathrm{req}} i_{\mathrm{p}a} \\[2mm] L_{\mathrm{req}} \dfrac{\mathrm{d}i_{\mathrm{p}b}}{\mathrm{d}t} = u_{\mathrm{L}b} - u_b - R_{\mathrm{req}} i_{\mathrm{p}b} \\[2mm] L_{\mathrm{req}} \dfrac{\mathrm{d}i_{\mathrm{p}c}}{\mathrm{d}t} = u_{\mathrm{L}c} - u_c - R_{\mathrm{req}} i_{\mathrm{p}c} \end{cases} \tag{9-19}$$

其中,u_a、u_b、u_c 和 $u_{\mathrm{L}a}$、$u_{\mathrm{L}b}$、$u_{\mathrm{L}c}$ 分别为并联变流器交流侧的三相输出电压与三相负载侧电压;R_{req} 与 L_{req} 分别为连接的等效电阻与等效电抗;$i_{\mathrm{p}a}$、$i_{\mathrm{p}b}$、$i_{\mathrm{p}c}$ 为流入并联变流器的三相电流。

在内环控制中,对式(9-19)进行 dq 坐标变换,并将连接的等效电阻忽略不计,可以得出基于 dq 坐标系的并联变流器数学模型:

$$\frac{\mathrm{d}}{\mathrm{d}t}\begin{bmatrix} i_{\mathrm{p}d} \\ i_{\mathrm{p}q} \end{bmatrix} = \frac{1}{L_{\mathrm{req}}}\begin{bmatrix} 0 & -\omega L_{\mathrm{req}} \\ \omega L_{\mathrm{req}} & 0 \end{bmatrix}\begin{bmatrix} i_{\mathrm{p}d} \\ i_{\mathrm{p}q} \end{bmatrix} + \frac{1}{L_{\mathrm{req}}}\begin{bmatrix} u_{\mathrm{L}d} \\ u_{\mathrm{L}q} \end{bmatrix} - \frac{1}{L_{\mathrm{req}}}\begin{bmatrix} u_d \\ u_q \end{bmatrix} \tag{9-20}$$

其中,u_d、u_q 和 $u_{\mathrm{L}d}$、$u_{\mathrm{L}q}$ 分别为并联变流器交流侧的三相输出电压与三相负载侧电压的 d 轴与 q 轴分量;$i_{\mathrm{p}d}$、$i_{\mathrm{p}q}$ 分别为流入并联变流器三相电流的 d 轴与 q 轴分量;ω 为系统的角频率。

由式(9-20)可知,经过 dq 坐标变换之后,并联变流器上的 d 轴与 q 轴分量依然存在耦合,这给 UPQC 系统的设计带来了困难,所以在并联变流器的控制策略中采用前馈解耦补偿式(9-20)中的耦合量 $\omega i_{\mathrm{p}d}$ 与 $\omega i_{\mathrm{p}q}$。

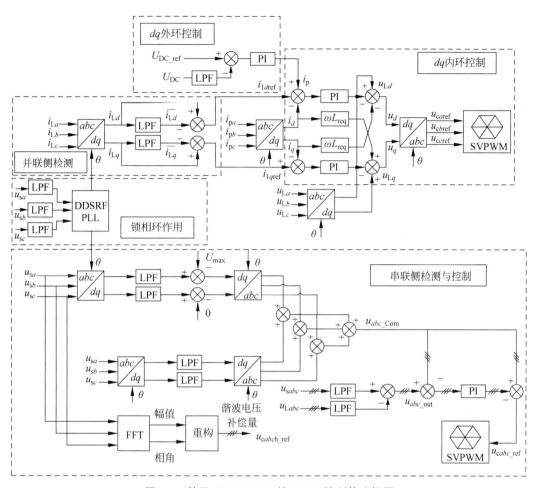

图 9-6　基于 DDSRF-PLL 的 UPQC 控制策略框图

并联变流器的输出电压的 d 轴和 q 轴电压分量定义为

$$u_d = -\left(k_\text{p} + \frac{k_\text{i}}{s}\right)(i_{1d\,\text{ref}} - i_d) + \omega L_\text{req} i_q + u_\text{L}d \tag{9-21}$$

$$u_q = -\left(k_\text{p} + \frac{k_\text{i}}{s}\right)(i_{1q\,\text{ref}} - i_q) - \omega L_\text{req} i_q + u_\text{L}q \tag{9-22}$$

其中，$i_{1d\,\text{ref}}$ 和 $i_{1q\,\text{ref}}$ 分别是流向并联变流器的有功输出电流和无功输出电流的参考值；k_i 为积分因子；k_p 为比例因子；s 为拉普拉斯算子。

将式(9-21)与式(9-22)代入式(9-20)，可得

$$L_\text{req} \frac{\mathrm{d}}{\mathrm{d}t} \begin{bmatrix} i_{\text{p}d} \\ i_{\text{p}q} \end{bmatrix} = \begin{bmatrix} -\left(k_\text{p} + \dfrac{k_\text{i}}{s}\right) & 0 \\ 0 & -\left(k_\text{p} + \dfrac{k_\text{i}}{s}\right) \end{bmatrix} \begin{bmatrix} i_{\text{p}d} \\ i_{\text{p}q} \end{bmatrix} + \left(k_\text{p} + \frac{k_\text{i}}{s}\right) \begin{bmatrix} i_{1d\,\text{ref}} \\ i_{1q\,\text{ref}} \end{bmatrix} \tag{9-23}$$

由式(9-23)可得，经过 dq 坐标变换之后，并联变流器上的 d 轴与 q 轴分量不再耦合。

外环则采用直流电压控制，这样能够使系统有功功率平衡，保持直流侧电压稳定，它的数学表达式为

$$i_{\mathrm{p}} = k_{\mathrm{p}}(U_{\mathrm{DC\_ref}} - U_{\mathrm{DC}}) + k_{\mathrm{i}}\int (U_{\mathrm{DC\_ref}} - U_{\mathrm{DC}})\mathrm{d}t \tag{9-24}$$

在串联变流器中,根据基于三相三线制的 UPQC 电路结构特点,以其中一相电网电压作为参考来建立一个虚构的三相系统。在 a 相中,把 u_{sa} 滞后 $60°$ 就可以获得 $-u_{sc}$,之后再根据 $u_{sb} = -u_{sa} - u_{sc}$ 得到 b 相电网电压。

若三相电网电压处于理想状态,则可表示为

$$\begin{cases} u_{sa} = \sqrt{2}U\cos\omega t \\ u_{sb} = \sqrt{2}U\cos\left(\omega t - \dfrac{2\pi}{3}\right) \\ u_{sc} = \sqrt{2}U\cos\left(\omega t + \dfrac{2\pi}{3}\right) \end{cases} \tag{9-25}$$

其中,U 为相电压的有效值。

将式(9-25)进行 dq 坐标变换之后,可得

$$\begin{bmatrix} u_{sd} \\ u_{sq} \end{bmatrix} = \frac{2}{3}\begin{bmatrix} \cos\omega t & -\sin\omega t \\ \cos\left(\omega t - \dfrac{2\pi}{3}\right) & -\sin\left(\omega t - \dfrac{2\pi}{3}\right) \\ \cos\left(\omega t + \dfrac{2\pi}{3}\right) & -\sin\left(\omega t + \dfrac{2\pi}{3}\right) \end{bmatrix}^{\mathrm{T}} \begin{bmatrix} \sqrt{2}U\cos\omega t \\ \sqrt{2}U\cos\left(\omega t - \dfrac{2\pi}{3}\right) \\ \sqrt{2}U\cos\left(\omega t + \dfrac{2\pi}{3}\right) \end{bmatrix} = \begin{bmatrix} \sqrt{2}U \\ 0 \end{bmatrix} \tag{9-26}$$

通过式(9-26)可求得在任意时刻下的各相电网侧电压的有效值,将其与额定电压相比较,判断出 UPQC 系统中发生的是哪种电压质量问题(如三相电压对称性暂降/骤升、电压三相不平衡故障和电压谐波畸变),同时对这些问题进行治理。

当处理三相电压对称性暂降/骤升的电能质量问题时,由式(9-26)得出电压暂降的幅值。在串联变流器中,把电网侧相电压参考幅值与电压暂降幅值之差当成 d 轴的分量,同时将 q 轴的分量设成 0。这时,经由 dq 坐标反变换即可得到电网侧电压补偿量的参考值;当处理三相电压发生不平衡故障的电能质量问题时,本节把系统三相电网侧电压的 b 相和 c 相位置互相调换,通过 $dq0$ 检测法以及 LPF 的作用得到 dq 轴上的直流电压分量,最后通过 dq 坐标反变换得到电网侧电压补偿量的参考值。由于串联耦合变压器中存在相位差的影响,因此本节采取分相前馈 PI 控制来处理电网侧电压暂降/骤升的电能质量问题,即通过快速傅里叶变换来求得各次谐波电压分量中的相位与幅值信号,再经过重构与叠加操作之后,采取直接输出方式对谐波电压进行补偿[11]。

9.1.3 基于 DDSRF-PLL 的 UPQC 控制策略仿真分析

将基于 DDSRF-PLL 的 UPQC 控制策略与基于传统锁相环的 UPQC 控制策略进行对比,在 MATLAB/Simulink 中进行了仿真验证,同时进行了谐波分析。

在图 9-7 中,从上到下依次为电网电压、补偿电压和微电网中负载电压。在 $t = 0 \sim 0.2\,\mathrm{s}$ 和 $t = 0.2 \sim 0.4\,\mathrm{s}$ 的两段时间内,电网电压出现 20% 电压暂降现象。在 $t = 0.2 \sim 0.3\,\mathrm{s}$ 范围内,电网电压则出现 40% 电压暂降并注入五次和七次谐波,从而造成电网电压畸变。通过向串联变压器注入补偿电压,使负载电压保持稳定,避免其受到谐波畸变和电压暂降的影响。通过 FFT 分析可以得出,与基于 SRF-PLL 的 UPQC 控制策略相比,所提控制策略在

电压暂降和畸变条件下具有较强的故障适应性。

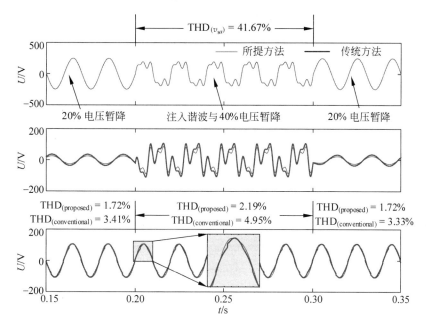

图 9-7　在电压暂降和畸变工况下的电网电压、补偿电压、负载电压的对比

如图 9-8 所示,从上到下依次是微电网中负载电流、补偿电流和电网电流(即联络线电流)。当 $t=0.25$ s 时,非线性负载 $R_{L1}=30$ Ω, $L_{L1}=10$ mH 突然切换到 $R_{L2}=40$ Ω, $L_{L2}=15$ mH,并联变流器输出补偿电流,以保持电网侧电流稳定,避免负载突变的影响。根据 FFT 分析可以得出,与传统控制策略相比,所提的基于 DDSRF-PLL 的 UPQC 控制策略能够减少谐波电流,符合 IEEE Std 519 标准。

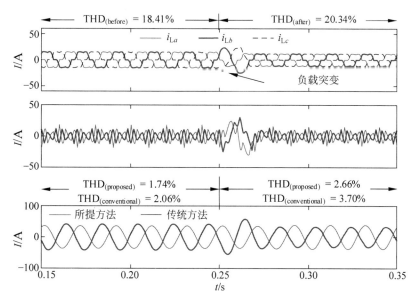

图 9-8　在负载突变工况下的负载电流、补偿电流、电网电流的对比

从图 9-9(a)和图 9-9(b)可以看出,与传统控制策略相比,所提出的控制策略可以提高 UPQC 的电压跟踪能力,误差更小,精度更高。

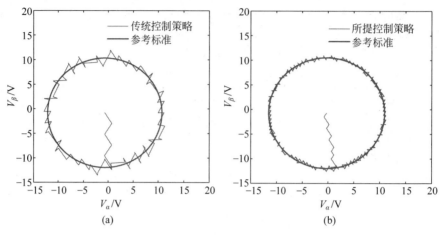

图 9-9   电压跟踪能力对比图

(a) 传统控制策略;(b) 所提控制策略

9.2   改善微电网电能质量仿真研究

为了验证所提出的基于 DDSRF-PLL 的 UPQC 控制策略的可行性和有效性,在 MATLAB/Simulink 中对所提的电压暂降/骤升、电压稳态、电压谐波畸变、三相电压不平衡故障、负载突变、切入三相不平衡负载运行工况下的仿真模型进行测试,所提控制策略能够保证补偿后的负载侧电压保持在一个稳定值。UPQC 系统的仿真参数如表 9-2 所示。

表 9-2   基于 UPQC 的微电网参数设置

	参　数	符　号	数　值
电网侧	电网电压	u_{sabc}	220 V
	内阻	R_1、L_1	0.5 Ω、0.2 mH
	频率	f	50 Hz
负载侧	阻感负载	R_L、L_L	20 Ω、5 mH
直流侧	参考电压	U_{DC_ref}	700 V
	电容	C_{DC}	2200 F
串联变流器	交流侧滤波电容、电感	C_s、L_s	3 μF、2 mH
	注入电阻	R_s	2 Ω
并联变流器	电阻、电感	R_f、L_f	0.5 Ω、2 mH
其他部分	额定电网频率	ω_f	314 rad/s
	PI 控制器	K_i、K_p	20、0.5

9.2.1　配电网发生三相电压暂降/骤升

如图 9-10(a)与图 9-10(b)所示,当 $t=0.2\sim0.4\ \text{s}$,电网侧电压(即 PCC 处电压)发生对称性的 20% 电压暂降/骤升,从上到下依次是电网侧电压、补偿电压、微电网中负载侧电压。为了维持额定负载侧电压,串联变流器通过耦合变压器注入适当的补偿电压。

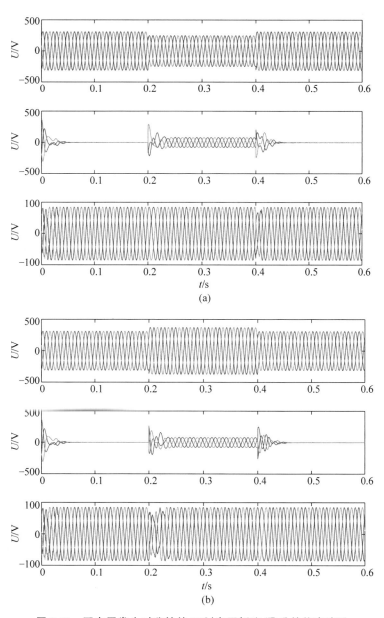

图 9-10　配电网发生对称性的 20% 电压暂降/骤升的仿真波形

(a) 配电网发生对称性的 20% 电压暂降;(b) 配电网发生对称性的 20% 电压骤升

9.2.2 配电网处于稳态/电压中断工况

图 9-11 为基于 UPQC 的微电网系统处于稳态工况下的仿真波形,从上到下依次是电网侧电压、UPQC 补偿电压、补偿后微电网负载侧电压波形。此时,系统为并网状态,经过短暂的调整,由串联变流器注入的补偿电压逐渐减少,这表示负载侧电压保持稳定,说明了基于 DDSRF-PLL 的 UPQC 控制策略在稳态工况下的有效性与合理性。

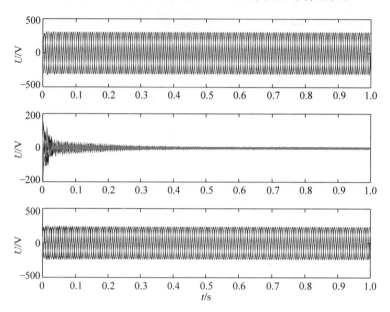

图 9-11 配电网处于稳态工况下的仿真波形

如图 9-12 所示,当 $t=0\sim0.5$ s,系统是并网模式。当 $t=0.5\sim1$ s 时,电网电压发生中断情况,此时系统由并网模式转为孤岛模式,与直流侧相连的分布式电源向负载侧供给合适的电压,维持额定的负载电压。当 $t=1\sim1.5$ s 时,微电网 UPQC 系统又由孤岛模式转为并

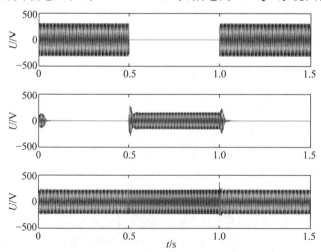

图 9-12 配电网处于电压中断工况下的仿真波形

网模式,微电网中负载侧电压依然保持正弦波状态,这验证了所提策略在电压中断工况下的可行性。

9.2.3　配电网发生三相电压不平衡故障或电压谐波畸变

在图 9-13 中,当 $t=0.4\sim0.6$ s 时,系统中出现三相不平衡故障,$v_s^{+1}=0.5\angle+45°$(pu),$v_s^{-1}=0.3\angle-45°$(pu),串联变流器通过耦合变压器注入补偿电压,经过一段时间的调整,负载电压可维持在稳定值。提出的控制策略可以保证负载侧电压不受三相电压不平衡故障的影响,这验证了所提控制策略在三相电压不平衡情况下的优越性。

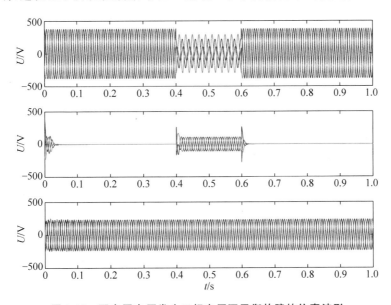

图 9-13　配电网电压发生三相电压不平衡故障的仿真波形

如图 9-14 所示,当 $t=0.2\sim0.4$ s 时,向配电网电压中注入五次和七次谐波分量,使得电压产生谐波畸变,从上到下依次是电网侧电压、UPQC 补偿电压、补偿后微电网负载侧电压波形。这时串联变流器开始注入补偿电压,消除了负载上的谐波电压,从而使负载侧电压保持在正弦稳定状态,维持在一个稳定的范围内。如表 9-3 和图 9-15 所示,通过 Powergui 模块中 FFT Analysis 功能给出了电网侧电压和负载侧电压的 THD 值。以上结果证明了在配电网电压发生三相不平衡故障的工况下,所提基于 DDSRF PLL 的 UPQC 控制策略依然能够有效地维持微电网中负载侧电压稳定。

表 9-3　微电网三相电压与负载侧电压的 THD 值

检测目标	检测状态	THD/%(电网侧电压)			THD/%(负载侧电压)		
		a 相	b 相	c 相	a 相	b 相	c 相
电网侧电压 负载侧电压	$t<0.2$ s	0.45	0.25	0.70	1.48	1.40	1.60
	$t=0.2\sim0.4$ s	21.14	21.13	21.16	0.61	1.59	1.30
	$t>0.4$ s	0.13	0.03	0.15	0.40	0.28	0.39

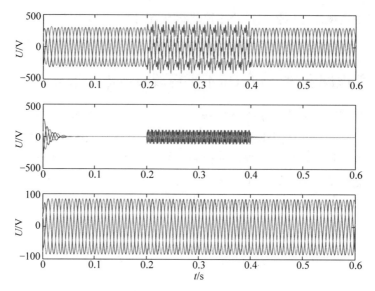

图 9-14　配电网电压发生谐波畸变的仿真波形

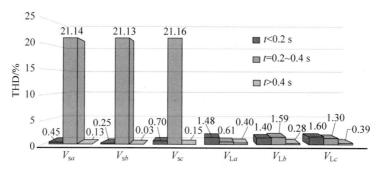

图 9-15　电网侧电压和负载侧电压 THD 值

9.2.4　微电网切入三相不平衡负载

为验证所提出的基于 DDSRF-PLL 的 UPQC 控制策略的可行性,在 MATLAB/Simulink 中对负载突变和切入三相不平衡负载运行工况进行测试,发现所提控制策略能够保证补偿后的电网侧电流(即微电网中联络线电流)保持稳定,负载突变和三相不平衡负载仿真参数如表 9-4 所示,其余系统参数与表 9-2 一致。

表 9-4　负载突变与三相不平衡负载仿真参数

	参　数	符　号	数　值
负载突变	非线性负载(突变前)	R_{L1}、L_{L1}	20 Ω、5 mH
	非线性负载(突变后)	R_{L2}、L_{L2}	30 Ω、15 mH
切入三相不平衡负载	三相平衡负载	S_{L1}	4 kW+j10 kvar
	三相不平衡负载	S_{L2}	6 kW+j7 kvar
	—	S_{L3}	3 kW+j5 kvar
	—	S_{L4}	2 kW+j3 kvar

由图 9-16 可以看出，当 $t=0.2$ s 时，将微电网系统中三相平衡负载 S_{L1} 切换到三相不平衡负载 S_{L2}、S_{L3}、S_{L4}，从上到下依次是微电网中负载侧电流、补偿电流、电网侧电流波形，并联变流器开始注入补偿电流，使目标电流趋于正弦波，减少了三相不平衡负载的影响。以上结果验证了在微电网切入三相不平衡负载的工况下，基于 DDSRF-PLL 的 UPQC 控制策略能有效地维持电网侧电流稳定。

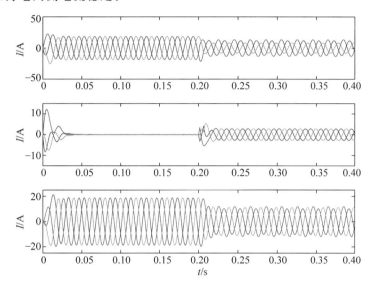

图 9-16　微电网切入三相不平衡负载

9.2.5　微电网非线性负载发生突变

在图 9-17 中，当 $t=0.2$ s 时，非线性负载发生突变。由 $R_{L1}=20\ \Omega$、$L_{L1}=5$ mH 变化至 $R_{L2}=20\ \Omega$、$L_{L2}=5$ mH，从上到下依次是负载侧电流、补偿电流和电网侧电流波形，并联变流器开始注入补偿电流，使得电网侧电流不受负载突变的影响，仍然保持正弦波状态。

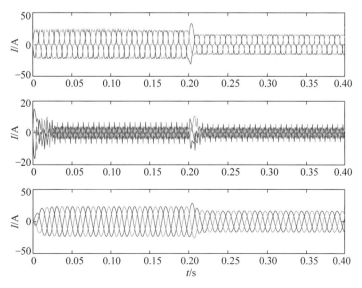

图 9-17　微电网非线性负载发生突变的仿真波形

如表 9-5 和图 9-18 所示,通过 Powergui 模块中 FFT Analysis 功能给出了电网侧电流和负载侧电流的 THD 值。当 $t = 0.2$ s 时,负载侧非线性负载发生突变,但电网侧电流的 THD 值较低,符合 IEEE Std 519 标准。通过 UPQC 的主动治理能力,使得电网侧电流保持在一个稳定的范围内,减少了三相非线性负载变化的影响。以上结果证明在微电网非线性负载发生突变的工况下,基于 DDSRF-PLL 的 UPQC 控制策略能够维持电网侧电流稳定。

表 9-5　电网侧电流与负载侧电流的 THD 值

检测目标	符号	THD/%（电网侧电流）			THD/%（负载侧电流）		
		a 相	b 相	c 相	a 相	b 相	c 相
电网侧电流	$t < 0.2$ s	3.63	2.47	3.10	15.83	15.82	15.83
负载侧电流	$t > 0.2$ s	3.05	2.48	2.54	18.66	18.67	18.66

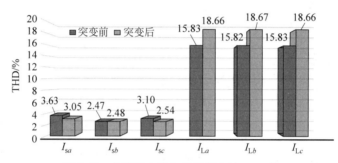

图 9-18　电网侧电流和负载侧电流 THD 值

9.3　基于对等控制的 UPQC 微电网运行模式

9.3.1　微电网控制模式

微电网系统具有两种运行模式,并网模式与孤岛模式,这是微电网系统与传统的分布式发电系统的主要区别。在正常情况下,微电网是处于并网运行状态,与配电网相连,由配电网向微电网提供电能质量。但是当配电网提供的电能质量供应不足时,微电网将会断开与配电网的连接,转为孤岛运行模式。微电网会根据自身的需求,在两种运行模式之间进行灵活切换。常见的微电网运行状态以及它们之间的控制关系如图 9-19 所示。当前的微电网系统中,有着各式各样的新能源输入、新能源输出、能量转换形式单元以及前文所提及的两种微电网运行模式,因此,微电网系统的动态特性开始变得复杂多样[12]。

根据微电网处于孤岛运行模式时各个分布式电源的作用不同,微电网控制模式分为以下三种:对等控制模式[13]、分层控制模式[14]以及主从控制模式[15]。在本章中,微电网系统控制模式采用的是对等控制模式。

常见的微电网控制策略分为三种。

1. 主从控制模式

在基于主从控制的微电网结构中,至少有一个 DG 充当主控制单元的作用,当微电网连

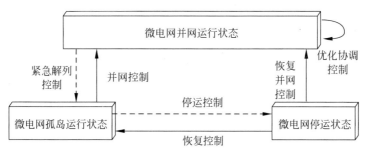

图 9-19　微电网运行状态

接到配电网时，即微电网处于并网运行模式时，所有 DG 都采用恒功率控制（简称 PQ 控制）方式，由配电网向微电网提供所需的电压和频率参考；当微电网与配电网断开连接时，即微电网处于孤岛运行模式时，作为主控制单元的 DG 则采取恒电压和恒频率控制（简称 V/F 控制），由该 DG 向微电网稳定运行提供所需的电压和频率参考。

2．分层控制模式

在基于分层控制的微电网结构中，通常设有中央控制器，它的作用是，对微电网的各个 DG 负荷量与发电量进行预测，然后制订相应的计划，并根据实时采集到的电压、电流、功率等信息，对微电网的运行计划进行调整。这种结构能够很好地控制各个 DG、储能装置以及负荷的启动和停止，保证微电网的稳定运行。

3．对等控制模式

在基于对等控制的微电网结构中，每个分布式电源具有相同的状态而没有从属关系，系统中每一个 DG 的地位"平等"。当微电网系统处于孤岛运行状态时，各个 DG 之间采用下垂控制策略。此外，对等控制不依赖通信系统，这样能提高系统的可靠性，节约成本，各个 DG 根据接入系统点的电压与频率进行控制。

9.3.2　基于对等控制模式的微电网模型

在图 9-20 中，假设 DG1 与 DG2 为直流源或者经过整流之后的直流源，再通过逆变器将直流电逆变成三相交流电；通过 LC 滤波器，将微电网与配电网相连接[16]。

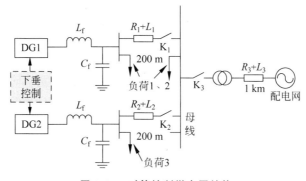

图 9-20　对等控制微电网结构

当基于对等控制的微电网系统处于孤岛运行模式时,各个 DG 之间都采用下垂控制,由这些 DG 向微电网提供电压和频率参考。如果微电网中的负荷发生变化,各个 DG 通过调整输出电压的幅值和频率,使得处于孤岛运行模式的微电网系统达到动态平衡。

在基于对等控制的微电网系统中,各个 DG 都会自发地参与到输出功率的分配当中,能够实现"即插即用"的功能。跟主从控制模式不同,"即插即用"功能指的是,当一个 DG 由于故障退出时,其他 DG 的正常运行不会受到影响;当负荷增大时,需要增加一个采用下垂控制方法的 DG,保护措施和控制策略并不会受到任何影响。

对等控制模式能够方便各个 DG 的接入,同时由于省去了通信系统,系统的成本随之降低。在并网运行模式或者孤岛运行模式下,微电网系统中的各个 DG 所采用的下垂控制策略都不需要进行任何变化,能够实现这两种运行模式之间的灵活切换[17]。

9.3.3　基于对等控制的下垂控制器设计

本节通过三相并网逆变器实现了下垂控制[18],模拟了电力系统中的频率一次调整,采用多环反馈控制策略,功率环采用基于下垂特性的功率控制器,电压电流采用双环控制,电压环控制负载侧的电压,电流环则控制电容电流,图 9-21 给出了下垂控制方法结构图。

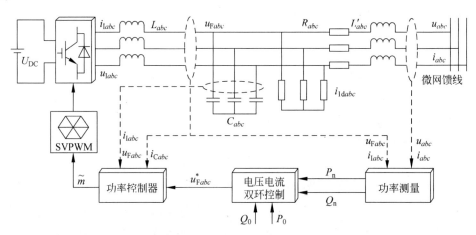

图 9-21　下垂控制方法结构图

常见的下垂特性曲线分为以下两种:图 9-22(a)所示为有功功率-频率(P-f)特性曲线,图 9-22(b)所示为无功功率-电压(Q-U)特性曲线。根据外特性下降法可以知道,随着微电网系统频率的下降,发电机输出的有功功率将会增大;同时随着系统的端电压减小,发电机输出的无功功率将会增大。当各个 DG 输出的有功功率和无功功率增大时,DG 运行点会从图 9-22 中的 A 点移动到 B 点[19]。

下垂控制策略的优点在于减少各个 DG 之间的通信成本,当电网侧与变流器之间的功角 δ 极小(夹角可忽略不计)时,能够得到以下下垂特性方程:

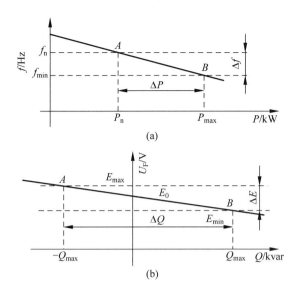

图 9-22　下垂特性曲线

（a）$P\text{-}f$ 关系曲线；（b）$Q\text{-}U$ 关系曲线

$$f = f_\mathrm{n} - \frac{P - P_\mathrm{n}}{a} \tag{9-27}$$

$$U_\mathrm{F} = E_0 - \frac{Q}{b} \tag{9-28}$$

式中，$1/a$ 与 $1/b$ 分别为 $P\text{-}f$ 与 $Q\text{-}U$ 关系曲线的下垂系数；P 与 Q 为微电网系统经过 LC 滤波器滤波之后输出的有功功率与无功功率；f、U 为微电网系统的频率与电压；f_n、U_n、P_n、Q_n 分别表示微电网系统的频率参考值、电压参考值、输出的有功功率和无功功率参考值；E_0 是当 DG 输出无功功率为 0 时的输出电压；其中参数 a 与 b 可用下式求解：

$$a = \frac{P_{\max} - P_\mathrm{n}}{f_\mathrm{n} - f_{\min}} \tag{9-29}$$

$$b = Q_{\max} / (E_0 - E_{\min}) \tag{9-30}$$

由图 9-21 可得，滤波电感电压的方程为

$$L \frac{\mathrm{d}i_{\mathrm{I}abc}}{\mathrm{d}t} = u_{\mathrm{I}abc} - u_{\mathrm{F}abc} = \frac{1}{2}\tilde{m}U_\mathrm{DC} - u_{\mathrm{F}abc} \tag{9-31}$$

$$\tilde{m} = m \sin\left(\omega t - \varphi - k\frac{2\pi}{3}\right), \quad k = 0, 1, 2 \tag{9-32}$$

其中，$\tilde{m}$ 代表并联变流器中的调制信号。

微电网系统中滤波电容的方程可以表示为

$$C \frac{\mathrm{d}u_{\mathrm{F}abc}}{\mathrm{d}t} = i_{\mathrm{C}abc} = i_{\mathrm{I}abc} - (i_{1\mathrm{d}abc} + i_{abc}) \tag{9-33}$$

三相三线制的系统没有零序电流，负载电压不含有零序分量，对式（9-31）与式（9-33）进行 $dq0$ 坐标变换，可得

$$
\begin{cases}
\dfrac{\mathrm{d}u_{Fd}}{\mathrm{d}t} = \omega u_{Fq} + \dfrac{1}{C}i_{Cd} = \omega u_{Fq} + \dfrac{1}{C}i_{Id} - \dfrac{1}{C}(i_{1dd} + i_d) \\[3mm]
\dfrac{\mathrm{d}u_{Fq}}{\mathrm{d}t} = \omega u_{Fd} + \dfrac{1}{C}i_{Cq} = -\omega u_{Fd} + \dfrac{1}{C}i_{Iq} - \dfrac{1}{C}(i_{1dq} + i_q) \\[3mm]
\dfrac{\mathrm{d}i_{Id}}{\mathrm{d}t} = -\dfrac{1}{L}u_{Fd} + \dfrac{1}{2L}\tilde{m}_d U_{DC} + \omega i_{Iq} \\[3mm]
\dfrac{\mathrm{d}i_{Iq}}{\mathrm{d}t} = -\dfrac{1}{L}u_{Fq} + \dfrac{1}{2L}\tilde{m}_q U_{DC} + \omega i_{Id}
\end{cases}
\tag{9-34}
$$

通过图 9-23 能够得到微电网系统输出的有功功率 P 与无功功率 Q，要满足以下条件：$0 \leqslant P \leqslant P_n, 0 \leqslant Q \leqslant Q_n$。通过 $P\text{-}f$ 曲线、$Q\text{-}U$ 曲线能够得出频率参考值 f_{ref} 以及输出电压幅值 U_{ref}。将 U_{ref} 与 δ_{ref} 通过电压合成模块得到变流器输出电压 u_{ref}，再通过 abc/dq 坐标变换得到双环控制输入电压分量。

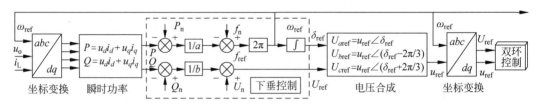

图 9-23　功率计算器结构框图

9.4　基于对等控制的微电网运行仿真研究

根据图 9-20 所示的微电网对等控制结构搭建 MATLAB/Simulink 模型，DG1 与 DG2 皆采用下垂控制策略，系统参数设置如表 9-6 所示：

表 9-6　基于对等控制的 UPQC 微电网系统参数

参　　数	符　　号	数　　值
DG 输出有功功率	P_{DG1}、P_{DG2}	50 kW、40 kW
DG 输出无功功率	Q_{DG1}、Q_{DG2}	0 kV·A、0 kV·A
恒功率负载 1	P_{Load1}、P_{Load2}	40 kW、0 kV·A
恒功率负载 2	P_{Load2}、P_{Load2}	25 kW、0 kV·A
恒功率负载 3	P_{Load3}、P_{Load3}	15 kW、10 kV·A
线路 1 阻抗系数	R_{Line1}、X_{Line1}	0.64 Ω/km、0.1 Ω/km
线路 2 阻抗系数	R_{Line2}、X_{Line2}	0.64 Ω/km、0.1 Ω/km
线路 3 阻抗系数	R_{Line3}、X_{Line3}	0.34 Ω/km、0.23 Ω/km
配电网电压	U_s	10 kV
直流侧电压	V_{DC}	800 V
滤波电容、电感、电阻	C_f、L_f、R_f	500 μF、9 mH、0.01 Ω
下垂系数	$1/a$、$1/b$	1.0×10^{-5}、3.0×10^{-4}

9.4.1　微电网并网运行模式与孤岛运行模式之间灵活切换

当 $t = 0 \sim 0.5$ s 时,基于 UPQC 的微电网系统处于并网运行模式;当 $t = 0.5 \sim 1$ s 时,微电网系统与配电网断开,此时处于孤岛运行模式;当 $t = 1 \sim 1.5$ s 时,再将微电网系统与配电网重新相连,转为并网运行模式。

如图 9-24(a) 与图 9-24(b) 所示,当 $t = 0.5$ s 时,微电网系统与配电网断开,系统母线电压与频率响应曲线略微发生变化,之后保持在一个稳定的值。如图 9-24(c) 与图 9-24(d) 所示,当微电网系统处于并网运行模式时,微电网向配电网传输了部分无功功率,所以当切换至孤岛运行模式时,分布式电源 DG1 与 DG2 自发地减少了无功功率,根据 $Q\text{-}U$ 特性曲线,无功功率的降低将导致系统电压的上升,这符合下垂曲线的工作特性。同理,由于需要补偿微电网系统并网时从配电网吸收的有功功率,因此分布式电源 DG1 与 DG2 输出的有功功率增加,根据 $P\text{-}f$ 特性曲线,有功功率的增加将导致系统频率的减少。

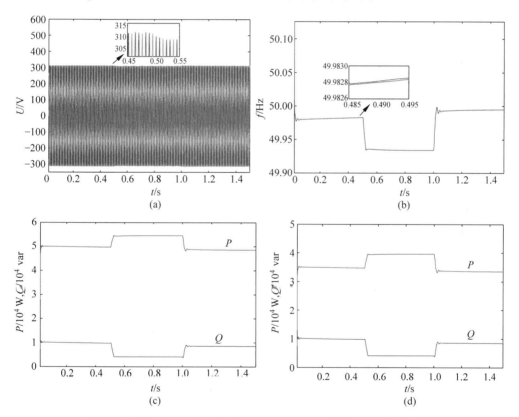

图 9-24　微电网并网运行模式与孤岛运行模式之间灵活切换的仿真波形
（a）微电网系统母线电压；（b）DG1 与 DG2 频率响应曲线；（c）DG1 输出的有功功率和无功功率；
（d）DG2 输出的有功功率和无功功率

当 $t = 1$ s 时,微电网系统由孤岛运行模式灵活切换至并网运行模式。当重新并网成功之后,系统电压、频率以及分布式电源 DG1 与 DG2 的输出有功功率和无功功率在经过短暂的波动之后,保持在一个稳定值。如图 9-24(c) 与图 9-24(d) 所示,分布式电源 DG1 与 DG2 输出的无功功率增加,这是由于微电网向配电网传输部分无功功率;同理,分布式电源 DG1

与 DG2 输出的有功功率减少,这是由于配电网能够补偿系统的有功功率缺额。因此,如图 9-24(a)与图 9-24(b)所示,无功功率的增加导致系统电压的下降,与此同时,有功功率的减少导致系统频率的增加。

综上所述,采用基于对等控制的 UPQC 微电网系统,可以将系统的母线电压与频率保持在一个稳定范围,同时也能够实现微电网系统的并网运行模式、孤岛运行模式的稳定运行以及两种运行模式之间的灵活切换。

9.4.2 微电网孤岛运行模式下的增/切负荷运行

一开始微电网系统处于孤岛运行模式,当 $t=0.5$ s 时切除负荷 2,当 $t=1$ s 时重新并上负荷 2,所得到的仿真结果如图 9-25 所示。

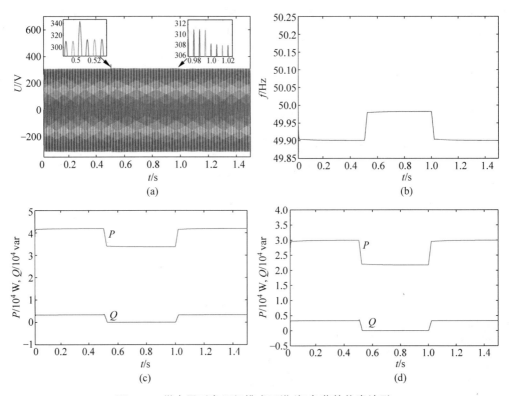

图 9-25　微电网孤岛运行模式下增/切负荷的仿真波形

(a) 微电网系统母线电压;(b) DG1 与 DG2 频率响应曲线;(c) DG1 输出的有功功率和无功功率;
(d) DG2 输出的有功功率和无功功率

如图 9-25(a)与图 9-25(b)所示,当 $t=0.5$ s 时,微电网系统将负荷 2 切除,系统的母线电压与频率响应发生略微变化,之后保持在一个稳定值。如图 9-25(c)和图 9-25(d)所示,基于下垂控制的分布式电源 DG1 与 DG2 输出的有功功率和无功功率同时减少,这是由于当负荷 2 存在时,微电网系统需要向负荷 2 输送有功功率和无功功率。因此,在切除负荷 2 之后,分布式电源 DG1 与 DG2 输出的功率自发地减少。根据 P-f 与 Q-U 的下垂特性曲线,随着有功功率和无功功率下降,系统的母线电压与频率自然会上升。

当 $t=1$ s 时,微电网系统重新并上负荷 2,经过短暂的动态调整之后,系统母线电压、频率响应很快趋于稳定。由图 9-25(c)和图 9-25(d)可得,在重新并上负荷 2 之后,基于下垂控制的分布式电源 DG1 与 DG2 输出的有功功率和无功功率增加,为负荷 2 提供充足的有功功率和无功功率输出。

以上说明,基于对等控制的 UPQC 微电网系统可以实现负荷的即插即用,能够满足切负荷运行、并负荷运行以及两种负荷运行模式之间的灵活切换。

9.4.3 微电网孤岛运行模式下切 DG 与增/切负荷运行

一开始微电网系统处于孤岛运行模式,当 $t=0.5$ s 时微电网系统切除分布式电源 DG1,之后当 $t=1$ s 时切除负荷 1,最后当 $t=1.5$ s 时并上负荷 1,所得到的仿真结果如图 9-26 所示。

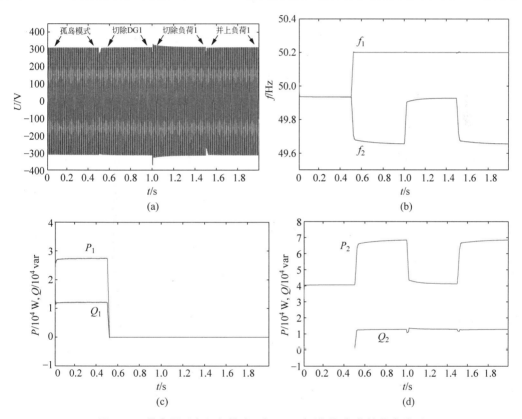

图 9-26　微电网孤岛运行模式下切 DG1 与增/切负荷的仿真波形
(a) 微电网系统母线电压;(b) DG1 与 DG2 频率响应曲线;(c) DG1 输出的有功功率和无功功率;
(d) DG2 输出的有功功率和无功功率

如图 9-26(a)与图 9-26(b)所示,当 $t=0.5$ s 时,微电网系统切除分布式电源 DG1,系统母线电压与频率响应曲线略微发生变化,之后保持在一个稳定的值。如图 9-26(c)所示,此时分布式电源 DG1 输出的有功功率与无功功率都为 0,与此同时,基于下垂控制的分布式电源 DG2 输出的有功功率与无功功率都增大,目的在于弥补 DG1 并网时向配电网提供的有功功率与无功功率缺额。根据 P-f 下垂特性曲线可得,随着 DG1 输出的有功功率减小,系统频率响应 f_1 增大;同理,随着 DG2 输出的有功功率增大,系统频率响应 f_2 减小。

在 $t=1$ s 时,微电网系统切除负荷 1,此时系统母线电压与频率响应发生略微变化,之后保持在一个稳定值。由于不需要再向负荷 1 传输有功功率，基于下垂控制的 DG2 输出的有功功率自发减小。根据 $P\text{-}f$ 下垂特性曲线可得，随着分布式电源 DG2 输出的有功功率下降，系统频率响应 f_2 随之上升。因为设定的负荷 1 无功需求为 0，所以在此期间 DG2 无功功率基本不发生变化，根据 $Q\text{-}U$ 下垂特性曲线可得，这段时间内，系统的母线电压也基本不发生变化。

以上说明，在切除部分分布式电源的孤岛运行模式下，基于对等控制的 UPQC 微电网运行模式可以实现负荷的即插即用，实现系统的稳定运行与负荷的"即插即用"功能。

9.5 本章小结

对所提的基于 DDSRF-PLL 的 UPQC 控制策略，在 MATLAB/Simulink 中搭建了相关仿真，对其电压暂降/骤升、三相电压不平衡、电压中断、电压谐波畸变、切入三相不平衡负载、负载突变等运行工况，进行了改善微电网电能质量仿真研究。仿真结果进一步表明，能够通过 UPQC 的主动治理能力，在各个工况下将微电网中负载侧电压和电网侧电流保持在一个稳定的范围内，避免了电网侧电压和负载变化的影响，从而验证了所提控制策略的有效性和可行性。

同时，为了验证所提的基于对等控制的 UPQC 微电网运行模式，在 MATLAB/Simulink 中搭建了仿真。对设定的三种不同的运行工况，进行了相关仿真研究分析。仿真结果进一步表明，在并网运行模式与孤岛运行模式下，本章所提基于对等控制的 UPQC 微电网运行模式能够稳定地运行。此外，还能够实现这两种运行模式之间的灵活切换。在切除部分分布式电源的孤岛运行模式下，能够实现切负荷运行、并负荷运行以及两种运行模式之间灵活切换，实现系统的稳定运行与负荷的"即插即用"功能。

参考文献

[1] 陈波,朱晓东,朱凌志,等.光伏电站低电压穿越时的无功控制策略[J].电力系统保护与控制,2012,40(17):6 12.

[2] 潘国清,曾德辉,王钢,等.含 PQ 控制逆变型分布式电源的配电网故障分析方法[J].中国电机工程学报,2014,34(4):555-561.

[3] 慕小斌,王久和,孙凯,等.统一电能质量调节器串联变流器多频级联无源控制研究[J].中国电机工程学报,2017,37(16):4769-4779.

[4] 王久和.无源控制理论及其应用[M].北京:电子工业出版社,2010.

[5] 戴训江,晁勤.光伏并网逆变器自适应电流滞环跟踪控制的研究[J].电力系统保护与控制,2010,38(4):25-30.

[6] 邱晓初,肖建,刘小建.一种 APF 模糊自适应可变环宽滞环控制器[J].电力系统保护与控制,2012,40(7):73-77.

[7] 徐永海,刘晓博.考虑指令电流的变环宽准恒频电流滞环控制方法[J].电工技术学报,2012,27(6):90-95.

[8] 杭丽君,李宾,黄龙,等.一种可再生能源并网逆变器的多谐振 PR 电流控制技术[J].中国电机工程学报,2012,32(12):51-58.

［9］ 张海洋,许海平,方程,等.基于比例积分-准谐振控制器的直驱式永磁同步电机转矩脉动抑制方法[J].电工技术学报,2017,32(19)：41-51.

［10］ 陆晶晶.MMC型微网复合主动电力调节系统协调控制策略研究[D].北京：华北电力大学,2015.

［11］ 于宝来.基于模块化多电平换流器的UPQC样机设计研究[D].北京：华北电力大学,2014.

［12］ 彭寒梅,曹一家,黄小庆.对等控制孤岛微电网的静态安全风险评估[J].中国电机工程学报,2016,36(18)：4837-4846.

［13］ 陆晓楠,孙凯,GUERRERO J M,等.适用于交直流混合微电网的直流分层控制系统[J].电工技术学报,2013,28(4)：35-42.

［14］ 李振坤,周伟杰,纪卉,等.主从控制模式下有源配电网供电恢复研究[J].电网技术,2014,38(9)：2575-2581.

［15］ 王成山.微电网分析与仿真理论[M].北京：科学出版社,2013.

［16］ 毛金枝,杨俊华,陈思哲,等.基于对等控制策略的微电网运行[J].电测与仪表,2014,51(24)：11-15.

［17］ 詹宗尧.微网对等控制及其运行特性研究[D].南京：南京理工大学,2013.

［18］ 张中锋.微网逆变器的下垂控制策略研究[D].南京：南京航空航天大学,2013.

［19］ 罗永捷,李耀华,王平,等.多端柔性直流输电系统下垂控制 P-V 特性曲线时域分析[J].电工技术学报,2014,29(s1)：408-415.

第10章

实验结果与分析

根据前几章的理论与 MATLAB/Simulink 仿真分析,将在 RT-LAB 半实物实验平台对本书所提的控制策略进行实验验证。首先对 RT-LAB 实验平台进行了介绍,接着详细地阐述了 RT-LAB 的工作原理、装置结构示意图以及顶层子系统模型,最后,通过 RT-LAB 实验平台对前几章所提的控制策略进行有效性与可行性的验证。

10.1 RT-LAB 实验平台

这些年来,随着计算机技术、智能电网和微电网研究的迅速发展,实时仿真实验越来越多地被应用于电力系统中。在实时仿真模拟器中,能够实时测试所设计的系统的性能。根据研究文献,实时仿真(real-time simulation)已经被运用于高压直流系统、柔性交流输电系统(flexible alternating current transmission systems,FACTS)、模块化多电平系统、微电网系统、光伏发电系统、风能转换系统和电动船舶研究等不同领域[1]。为此,本书采用 RT-LAB 实验平台对所提能量路由器逆变器和电能质量治理模型进行实验验证。

10.1.1 RT-LAB 实验平台组成

RT-LAB 是由加拿大 Opal-RT Technologies 公司设计的一套基于 PC 和 FPGA 技术开发的工程设计应用实验平台,具有实现控制原型仿真和硬件在环仿真的功能,具有极高的可置信度[2],已经被应用于电力和能源系统的学术研究与工业实际当中。通过这个分布式实验平台,测试人员可以用更短的时间、较小的花费[3],对在 MATLAB/Simulink 或者 SystemBuild 中搭建的动态电力系统模型进行实时测试,使得系统的设计更为简单高效,能够将该实验平台应用于各式各样的测试问题上。通过上位机和几台目标机的分布式并行计算通信模式进行实时仿真,经过很短的通信时间,可以实现高度复杂硬件在环(hardware-in-loop,HIL)或者快速控制原型(rapid control prototyping,RCP)的测试计算。

如图 10-1 所示,RT-LAB 半实物实验平台由上位机、目标机以及硬件实物组成。上位机中装有 MATLAB/Simulink 和 RT-LAB 工具包,可以进行测试调试、模型调控、在线调试参数等工作。目标机为 OP5700,这是一款可以用于 HIL 测试的半实物实验平台,能够完成 CPU 上最小 10 μs 的计算,以及 FPGA 上亚微秒级的计算,同时也能够通过高速数字 IO、模拟 IO 和被测控制器来进行实时信号交互。RT-LAB 内部装有多核处理器,配备有 QNX、RedHat Linux 或 Windows 高性能实时操作系统,能够实现更复杂模型的实时计算。

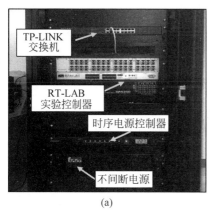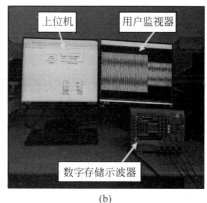

(a) (b)

图 10-1 RT-LAB 装置图

(a) RT-LAB 半物理仿真平台;(b) 上位机仿真平台

在图 10-1 中,上位机和目标机之间通过传输控制协议/网际协议(transmission control protocol/internet protocol,TCP/IP)来进行在线交互。

10.1.2 RT-LAB 实验平台工作原理

针对具有许多节点、组件和较多控制信号的复杂电力系统网络模型,在设定的几十微秒内,CPU 没有办法快速地完成矩阵计算。在 RT-LAB 半实物实验平台中,通过 Real-Time Workshop 将 Simulink 模型生成可优化、可移植、可定制的 C 代码,再编译成目标机能够运行的程序,这样就能加快系统仿真速度。由于 RT-LAB 采用的是并行计算方式,在得到能够执行的代码以后,在多个 CPU 之间搜索合适的节点,并在上面分配子任务,这样就能确保仿真过程在不同的节点可以同步运行。在系统加载完代码之后再启动仿真,能够成功地实现 RT-LAB 对复杂电力系统网络模型的并行计算。

在 RT-LAB 中,所有顶层子系统需要用前缀命名,用来区分它们之间的功能,表 10-1 对顶层子系统进行了介绍,RT-LAB 半实物实验模型由 SM_、SS_、SC_三个模块组成。SM_模块相当于 RT-LAB 的心脏,所有控制模块都包括在内。SS_模块由传输模型、功率发生器和电子器件等组成,测量信号将会发送到主机并生成控制信号,之后发回设备。SC_模块用于实时监测结果,还可以用于在测试过程中发送命令。若参考信号在仿真过程发生改变,在 SC_模块中操作。

表 10-1　RT-LAB 实验平台顶层子系统的主要模块及器件名称

名称	含　义	功能介绍	注　意　点
SM_	主(main)子系统	能够将模型的计算与网络同步,为电力系统提供控制信号,接收电力系统中物理设备接口信号的计算单元	需要添加数模转换 D/A、模数转换 A/D,输入输出 I/O 模块
SS_	从(slave)子系统	它主要由物理系统组成,在 Simulink 中,只要可以被实物替换的子系统都能够归类到 SS 子系统。它可以通过多个节点实现分布式处理,是一个扩展模型的计算单元	当实物取代物理模型时,同时增加同步 I/O 模块,并受 SM 系统的控制与网络同步运行
SC_	控制台子系统	含有所有用户界面的模块,与 SM_、SS_模块异步运行	须与 OpComn 模块来配对

10.2　能量路由器逆变器相关验证分析

为了有效验证所提出的能量路由器控制策略的正确性及可靠性,搭建一套基于三相两电平逆变器及三相三电平 NPC 逆变器的硬件实验平台,来进行新能源逆变器的并网/离网状态下的实验,并对前文所提出的三相两电平逆变器输出共模电压抑制控制策略、三相三电平 NPC 逆变器在电网电压不平衡情况下输出电能质量及功率协调控制策略、在离网状态下所提考虑建模误差的多步模型电压控制技术的有效性进行实验验证。

10.2.1　实验平台

所搭建的实验平台是把美国 Mathworks 公司所设计的 MATLAB/Simulink Real-Time 实时开发仿真软件作为主控制器,从而能够满足硬件在环实时控制的要求[4]。相比于 DSP 控制或 FPGA 控制,基于 Simulink-Real-Time 实时仿真平台能够将 MATLAB 中搭建的 Simulink 数学模型直接转换为对应的计算机可以运行的机器语言,从而避免了人为编写复杂的控制程序,可以更加容易地进行系统开发,节省了大量的设计时间。

该实验平台在控制部分包括了宿主机与目标机,被控对象可以为传统三相两电平逆变器电路及三相三电平中性点箝拉(NPC)逆变器拓扑结构。在宿主机及目标机中分别搭载 Simulink Real-Time 内核程序[5]。其中,宿主机起到程序的调试与控制的作用,目标机起到实验测量值监控的作用。本书实验中所设计的控制系统中的目标机采用运算能力较强的台式机,而由于实验室条件限制,宿主机采用普通笔记本电脑进行 Simulink 程序的运行。同时,在目标机主机中安装 NI 公司的 PCI-6229 数据采集卡输入/输出接口,从而实现硬件在环实时控制,以此进行数字量及模拟量的输入/输出传输。

为了能够验证前文所提控制策略的实用性,搭建了一套输出功率为 3 kV·A 的逆变器并网/离网控制系统,所使用的逆变器为传统三相两电平逆变器及三相三电平 NPC 逆变器,所搭建的实验平台如图 10-2 所示。相比于使用 DSP 控制器时需要编写复杂的程序,本书采用 Simulink-Real-Time System 作为主控制器来对整个系统进行控制,而 Simulink-Real-Time System 控制器能够直接将 MATLAB 中的 M 语言编译为可以运行的机器语言,使得运行过程更加简便[6-7]。对于并网实验情况,主电路逆变器为三相三电平中性点箝拉(NPC)逆变

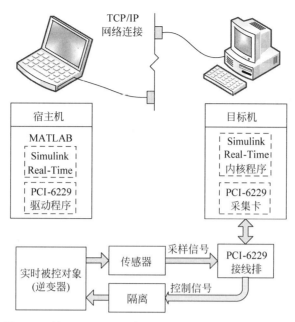

图 10-2 基于 Simulink Real-Time 的控制系统结构示意图

器,使用调压器和整流桥将三相交流市电整流成直流电,以此代替新能源产生的直流电从而作为直流电源。同时针对并网系统,三相三电平逆变器输出侧电压经过滤波电感之后,再通过三相调压器调压,最后并入电网。在控制部分方面,采用 PCI-6229 数据采集器进行数字量以及模拟量的输入/输出传送,并采用电压传感器及电流传感器对电压及电流进行检测。

搭建如图 10-3 所示的实验平台。为了模拟新能源发电系统中诸如光伏发电及风电所发出的直流电,本实验平台将 220 V 交流市电经过三相调压器调压之后输送到三相不控整流桥 MSD 30 A/1600 V 来进行整流,从而得到所需的直流侧电压。同时,在输出侧接滤波电感以减小逆变器输出电流谐波畸变率。在并网实验中,由于考虑到安全问题,因此设计系统容量为 3 kV·A,线电压为 380 V,并且通过一台总容量为 10 kV·A,最大调压范围可以调至 400 V 的调压器将并网点电压调为 110 V。并且,为了仿效不平衡电网电压,在电网电源前串联上三个大功率可调电阻,根据不同电阻进行分压,从而得到不同的电阻值,以此来得到并网点的不平衡电网电压。而对于离网实验,逆变器输出接 LC 滤波器,并接入不同的负载,从而验证在不同负载情况下所提控制策略的有效性。实验平台实物连接图如图 10-4 所示。实验平台各部分及所用到的主要元器件如表 10-2 所示。

表 10-2 实验平台的主要部分及所用元器件

基于三相三电平 NPC 逆变器的并网/离网实验平台			
(1)	PCI-6229 接线端子排	(7)	驱动及数字信号板电源
(2)	数字信号光耦隔离板	(8)	逆变器输出滤波器
(3)	开关信号驱动板	(9)	产生不平衡电压电路
(4)	NPC 逆变器主电路	(10)	继电器开关
(5)	DC 电容及其充放电电路	(11)	霍尔电压传感器
(6)	DC 整流桥	(12)	调压器及三相负载

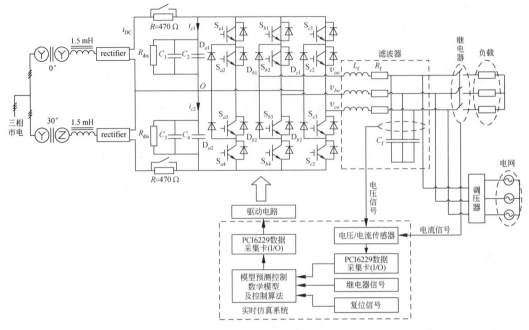

图 10-3　三电平 NPC 逆变器并网/离网系统实验平台总体结构设计

(a)

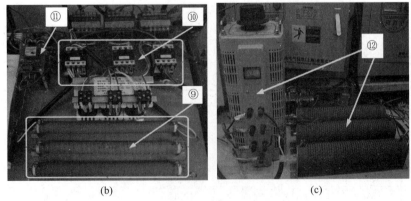

(b)　　　　　　　　　　　　　(c)

图 10-4　实验平台实物连接图

（a）主电路部分；（b）继电器开关；（c）调压器及三相负载

10.2.2　硬件电路设计

（1）直流侧电压。当逆变器处于并网运行状态时,假设 PF=1,逆变器输出的视在功率 S 与有功功率 P 近似相等。为了考虑安全问题,一般情况下元器件需要留有 15% 的安全裕量,因此实际的视在功率为

$$S_x = (1+0.15)S = 3.45 \text{ kV} \cdot \text{A} \approx 3.5 \text{ kV} \cdot \text{A} \tag{10-1}$$

假设 NPC 并网逆变器的运行过程中无损耗,即逆变器的工作效率为 100%,逆变器的功率因数 PF 为 0.98,因此逆变器输入侧的功率至少应为

$$P_{DC} = \frac{S_x}{\text{PF}} = \frac{3.5}{0.98} \text{ kV} \cdot \text{A} \approx 3.6 \text{ kV} \cdot \text{A} \tag{10-2}$$

在求解直流侧所需直流电源时,综合考虑电网电压存在 10% 的振荡,因此直流侧电压为

$$V_{DC} = (1.065+0.1)V_{LL} \cdot \sqrt{2} \approx 313.85 \text{ V} \tag{10-3}$$

为了考虑一定的安全裕量,最终将直流侧的电压设置为 330 V。同时,由于本实验平台在直流侧采用两个电容串联分压的方式,因此使用两个六脉冲不控整流桥来分别获得相等的两个直流侧电压。使用两个六脉冲不控整流桥来代替只使用单个六脉冲不控整流桥的原因在于:在直流侧采用多个六脉冲不控整流桥的方式能够更好地抑制直流侧直流电压的波动以及提高整流桥输入侧的电能质量;同时,采用多个六脉冲不控整流桥的方式能够减小设备在运行过程中的损耗。

（2）直流侧电容。在电压型逆变器的设计过程中,直流侧电容的好坏直接影响到逆变器输出的电能质量,因此对于直流侧电容的选择就显得尤为关键。直流侧电容能够为后续硬件装置提供较为稳定的直流源,并且具有快速的动态响应能力,该电容还能够降低电压畸变率。为保持直流侧中性点电压平衡,设计直流侧中点上、下应选取相等的两个电容。因此,可用下式计算直流侧电容容值:

$$C_\text{上} = C_\text{下} = \frac{100 \cdot \dfrac{P}{2}}{6f(2\hat{V}_s)^2} = \frac{100 \times \left(\dfrac{3000}{2}\right)}{6 \times 50 \times (2 \times 76.37 \times \sqrt{2})^2} \text{ mF} = 3.73 \text{ mF} \tag{10-4}$$

为了考虑电流纹波所带来的影响,结合文献[6]中的分析以及式(10-4)所求得的电容容值,本章最终采用参数为 2.2 mF/450 V/19.6 A、最大可承受电压为 900 V 的电容作为直流侧电容。

当系统停止运行时,需要对电容储存能量进行释放,因此在电容两侧需要并上放电电阻,通过放电时间的长短来计算放电电阻的电阻值,根据实际情况将放电时间设为 110 s,则放电电阻的阻值和功率分别为

$$R_\text{dis} = \frac{t_\text{dis}}{5C_\text{上}} = \frac{t_\text{dis}}{5C_\text{下}} = 10 \text{ k}\Omega \tag{10-5}$$

$$P_\text{dis} = \frac{(V_\text{dc}/2)^2}{R_\text{dis}} = 8.76 \text{ W} \tag{10-6}$$

根据式(10-5)及式(10-6)所求结果,选择参数为 10 kΩ/10 W 的功率电阻作为放电电

阻,图 10-5 所示为直流侧电容与电阻的接法。

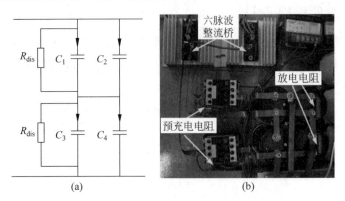

图 10-5　直流侧电容预充电电路与放电电路连接示意图

(a) 直流侧电容连接示意图；(b) 直流侧电容及其充放电电路实物图

（3）输出滤波器。在模型预测控制技术中,采样频率将会影响控制器的控制效果。在本实验所建立的 Simulink-Real-Time 硬件在环实时仿真平台中,其最大采样频率可以达到 10 kHz。因此,为了提高逆变器输出电能质量,减少电流谐波失真程度,本实验通过电感值较大的电抗器进行滤波,选择的滤波电抗器参数为 30 mH/10 A。

（4）IGBT 模块的选择。根据实验平台的设计要求,实验平台的容量为 3 kV·A,直流侧输入电压为 330 V,在选择开关器件时需要考虑一定的安全阈值,因此,根据这一原则,逆变器的 IGBT 中 c 极与 e 极之间的电压应该满足：$u_{ces} \geqslant (1.5 \sim 2) \times V_{DC}/2 = (247.5 \sim 330)$ V。实验中输出的最大电流可达到 8 A,考虑到 $1.5 \sim 2$ 倍的安全阈值,所选 IGBT 的 c 极电流应当满足：$I_c \geqslant 16$ A。同时考虑到传统 NPC 控制算法的开关频率是不固定的,一般情况下,采用模型预测控制算法的开关频率为采样频率 f_s 的一半,大部分集中在 $f_s/5 \sim f_s/4$。根据前面所提内容,本章所使用控制器的采样频率为 10 kHz,因此 IGBT 的开关频率应该小于 5 kHz。

基于以上分析,本章采用英飞凌公司生产的 IGBT 集成模块 FS3L30R0W2H3F_B11 作为逆变器的开关器件。该开关器件所允许的最大 c 极与 e 极之间的电压为 600 V,最大集电极电流为 30 A,最大开关频率为 15 kHz。

图 10-6 为 NPC 功率模块主电路实物图。

图 10-6　NPC 功率模块主电路实物图

（5）驱动模块。作为开关器件的驱动部分，驱动模块对整个系统起着十分关键的作用。驱动模块将数据采集卡输出的控制信号进行放大转换之后用于驱动 IGBT 工作。驱动功率、所输出的电流及电压是否能达到功率模块的要求是选取驱动模块的关键。本章使用的型号为：SEMIDRIVERSKHI 61(R)，如图 10-7 所示。该驱动模块能够同时驱动 6 个独立的开关器件，同时，能够依照用户需求对死区时间进行设置。

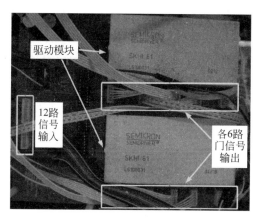

图 10-7　驱动模块实物图

（6）辅助电源模块的设计。对于驱动模块等电路板供电需要提供独立的辅助电源，图 10-8 所示为本实验所搭建的辅助电源模块，根据需求，本实验辅助电源需要提供直流 +5 V 和 +15 V 两种直流源。本章分别采用两个控制变压器将三相市电变压为 14.5 V 左右的直流电压，再将通过 7805 稳压管和直流调压调功率模块分别得到的两种直流电压用于给驱动模块和其他控制电路进行供电。

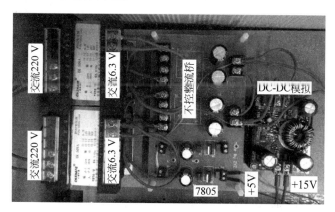

图 10-8　辅助电源模块实物图

10.2.3　并网实验

为证明第 4 章所提的电网电压发生不平衡现象时并网逆变器输出电能质量与功率协调控制策略的有效性，将实验装置连接成并网连接方式。实验参数设置为与仿真参数相同，在实验过程中考虑到实际并网情况，假设并网逆变器在单位功率因数下运行，其输出 1 kW 有功功率及 0 kvar 无功功率,经过整流桥整流之后的直流电压为 330 V,最大电流峰值为 8 A,功率因数 PF 为 1,并网点电压为 110 V(相电压),输出滤波电感为 30 mH,系统采样频率为 10 kHz。图 10-9 所示为运行到 10.2 s 时电网因某种故障发生电网电压不平衡现象,并在 10.6 s 排除故障时的并网点电压波形。

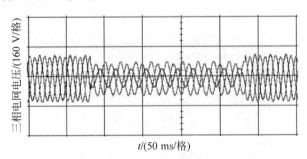

图 10-9　电网电压实验波形图

图 10-10(a)、(b)分别为调节参数设置为 $m=1$、$n=1$、$k_1=0$、$k_2=0$(即控制目标为控制逆变器输出三相电流平衡)时的并网电流波形图及输出功率波形图。可以看出,所设置调节参数能够较好地抑制逆变器输出电流的不平衡度,然而逆变器输出有功功率及无功功率存在二倍频振荡现象。图 10-11(a)、(b)分别为调节参数设置为 $m=1$、$n=1$、$k_1=1$、$k_2=1$(即控制目标为抑制逆变器输出有功功率二倍频振荡)时的并网电流波形图及输出功率波形图。可以看出,所设置调节参数能够有效抑制逆变器输出有功功率二倍频,然而逆变器输出并网电流存在较大的不平衡现象,同时输出无功功率存在二倍频振荡现象。图 10-12(a)、(b)分别为调节参数设置为 $m=1$、$n=1$、$k_1=-1$、$k_2=-1$(即控制目标为抑制逆变器输出无功功率二倍频振荡)时的并网电流波形及输出功率波形。可以看出,所设置的调节参数能够有效抑制逆变器输出无功功率二倍频振荡,然而无法保持逆变器输出并网电流平衡及抑制逆变器输出有功功率二倍频振荡。图 10-13(a)、(b)分别为所提控制方法下的并网电流波形及输出功率波形。可以看出,通过本书所提方法求解出的调节参数能够在保持并网电流平衡的情况下尽可能地抑制逆变器输出有功功率及无功功率二倍频振荡。

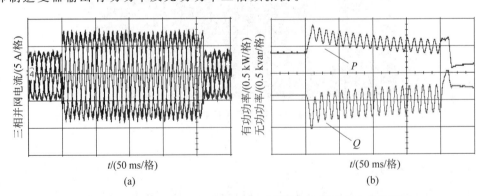

(a)　　　　　　　　　　　　　　　　(b)

图 10-10　$m=1$、$n=1$、$k_1=0$、$k_2=0$ 时并网电流及输出功率波形图

(a) 并网电流;(b) 输出功率

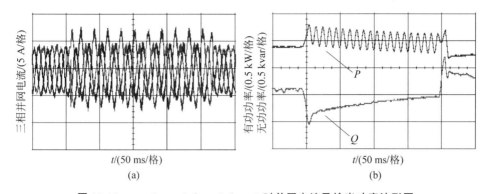

图 10-11　$m=1$、$n=1$、$k_1=1$、$k_2=1$ 时并网电流及输出功率波形图

（a）并网电流；（b）输出功率

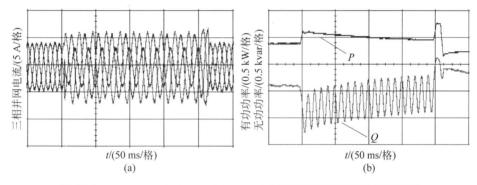

图 10-12　$m=1$、$n=1$、$k_1=-1$、$k_2=-1$ 时并网电流及输出功率波形图

（a）并网电流；（b）输出功率

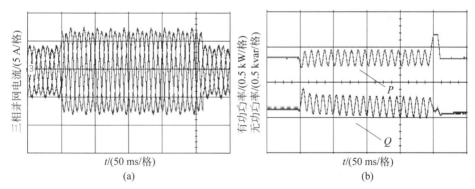

图 10-13　采用所提方法时并网电流及输出功率波形图

（a）并网电流；（b）输出功率

10.2.4　离网实验

为了检验第 5 章所提出的离网型逆变器模型预测控制算法的有效性,通过继电器开关将逆变器切换为离网运行模式,其实验参数与仿真参数相一致,如 5.3 节所述。

由图 10-14 及图 10-15 可以看出,所提考虑延时补偿及建模误差的多步模型预测控制策略能够实现良好的电压、电流跟踪效果,使得逆变器输出的电能质量较好。同时,从图 10-15 可以看出,即使在不平衡负载情况下所提控制策略依然能够输出良好的电压、电流波形。为了验证所提控制算法对于暂态及稳态的控制效果,本章分别分析了在平衡负载情况下负载突变时输出负载电流波形图、参考电压突变时输出负载电压波形图以及负载切入/切出时输出负载电流波形图。由图 10-16、图 10-17 及图 10-18 可以看出,本书所提的离网型逆变器多步模型预测控制策略具有较好的暂态及稳态性能。以上实验结果验证了所提控制策略的有效性及可实施性。

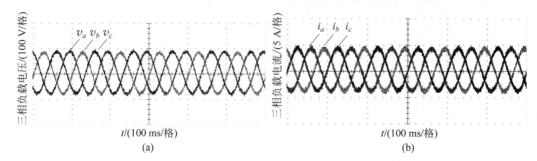

图 10-14　负载为平衡负载时所提控制策略输出负载电压、电流波形图

（a）负载电压；（b）负载电流

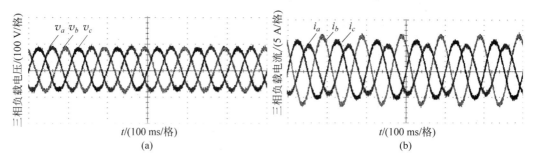

图 10-15　负载为不平衡负载时所提控制策略输出负载电压、电流波形图

（a）负载电压；（b）负载电流

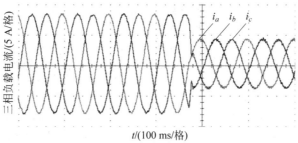

图 10-16　负载突变情况下输出负载电流波形图

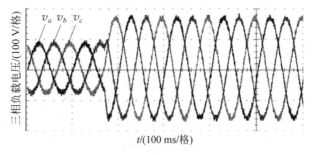

图 10-17　参考电压突变情况下输出负载电压波形图

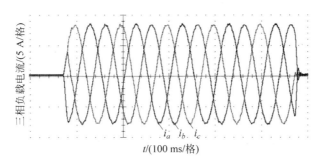

图 10-18 负载切入/切出情况下输出负载电流波形图

表 10-3 为不同控制方法下负载电压 THD 值及电压跟踪误差对比。

表 10-3 不同控制方法下负载电压 THD 值及电压跟踪误差对比

负载类型	控制方法	THD/%			电压跟踪误差/%		
		a 相	b 相	c 相	a 相	b 相	c 相
对称线性负载	单步预测	1.86	1.79	1.89	3.46	3.68	3.93
	多步预测	1.49	1.50	1.50	2.84	2.89	2.97
不平衡负载	单步预测	4.68	4.68	4.65	3.98	4.02	4.06
	多步预测	3.46	3.47	3.45	2.91	2.96	3.01

10.3 电能质量治理验证与分析

利用现有的 RT-LAB 半实物实验平台,对本书设计的基于 UPQC 的微电网系统进行实验验证,图 10-19 给出了 RT-LAB 顶层子系统模型。

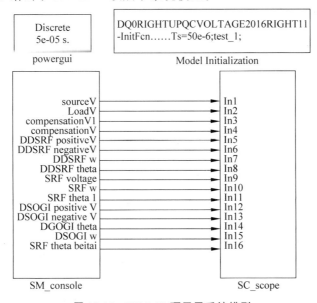

图 10-19 RT-LAB 顶层子系统模型

如图 10-19 所示,在已搭建的基于 UPQC 的微电网实验平台中,由于不用频繁地进行分布式计算,所以只包含一个 SM 和 SC 子系统,没有 SS 子系统。在 SC 子系统中放置一个 OpComm 通信模块来接收来自 SM 子系统的信号。

本章将实验验证分为三个部分来进行:

(1) 在电网电压发生三相不平衡故障时,对三种不同的锁相环(SRF-PLL、DSOGI-PLL 和 DDSRF-PLL)进行电网电压幅值、相角、频率信号检测分析。

(2) 将基于 $dq0$ 坐标变换的检测方法应用于三种不同 PLL 的 UPQC 系统中,并进行电网侧电压与负载侧电流的基波/谐波检测分析。

(3) 对各种不同的运行工况下基于 DDSRF-PLL 的 UPQC 控制策略进行性能分析。这些运行工况包括电压暂降/骤升、电压谐波畸变、三相电压不平衡、负载突变和切入三相不平衡负载。

10.3.1　不平衡电网下的锁相环性能分析实验验证

如图 10-20 所示,SRF-PLL 常用于传统的电网电压频率和相角检测,然而,通过实验结果发现,SRF-PLL 并不适合应用于不平衡电网条件,在进行电网电压相角和频率检测方面,SRF-PLL 检测结果存在明显的二倍频振荡现象,不能实现电网电压频率和相角的快速同步。此外,当系统处于稳态时,虽然 DSOGI-PLL 能检测到电网电压相角和频率并能在一定程度上抑制二倍频振荡现象,但并不能完全消除它。本书所采用的 DDSRF-PLL 能够完全消除电网电压频率和相角的二倍频振荡现象,实现电网电压频率和相角的快速同步。

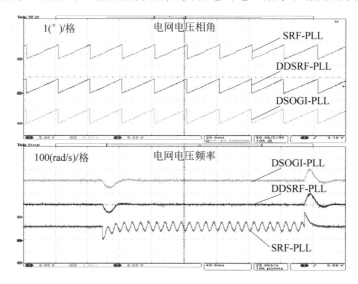

图 10-20　基于三种锁相环得到的电网电压相角与频率信号实验波形

如图 10-21 所示,从上到下检测到的电压信号所用的锁相环依次为 SRF-PLL、DSOGI-PLL、DDSRF-PLL。由图 10-21 可以看出,当电网电压出现三相不平衡故障时,SRF-PLL 所检测到的电压信号出现明显的二倍频振荡现象;对于 DSOGI-PLL,由于正序坐标轴 dq^{+1} 和负序坐标轴 dq^{-1} 信号仍然耦合,虽然检测到的二倍频振荡现象不如 SRF-PLL 所检测到的那么明显,但是电网电压的负序分量 u_d^- 和 u_q^- 存在幅值较小的二倍频振荡现象;而 DDSRF-PLL 基于解耦网络,可以完全抵消正序坐标轴 dq^{+1} 和负序坐标轴 dq^{-1} 中的二倍频振荡现象。以上结果进一步说明了,当电网电压发生三相不平衡故障时,DDSRF-PLL 具有较强的故障适应性。

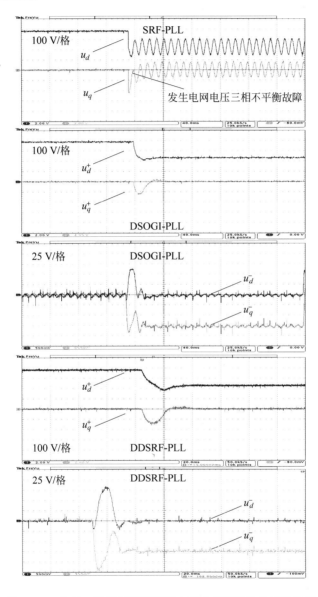

图 10-21　基于三种锁相环得到的电网电压幅值信号实验波形

10.3.2　基于不同锁相环的基波和谐波检测实验验证

RT-LAB 实验平台的参数设置与 MATLAB/Simulink 中的相同,对系统中的电网侧电压与负载侧电流基波/谐波进行检测。如图 10-22 所示,从上到下的波形依次是负载侧谐波电流、负载侧基波电流、电网侧谐波电压、电网侧基波电压。

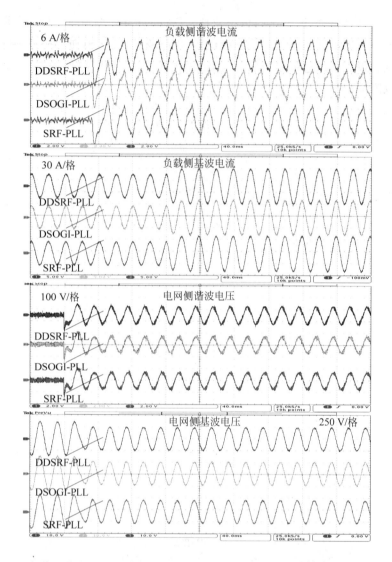

图 10-22　负载侧谐波电流、负载侧基波电流、电网侧谐波电压、电网侧基波电压实验波形

由图 10-22 可得,基于 SRF-PLL 检测方法得到的基波分量存在一定畸变,而基于另外两种 PLL 检测方法可以很好地检测出基波分量。以上结果表明,该系统在不平衡电网工况下,可以对电压/电流精度进行补偿,并成功地实现锁相环的锁相。

10.3.3　基于 DDSRF-PLL 的 UPQC 控制策略实验验证

如图 10-23 和图 10-24 所示,对电压暂降/骤升、三相电压不平衡、电压谐波畸变、负载突变、切入三相不平衡负载等工况下基于 DDSRF-PLL 的 UPQC 控制策略进行性能分析。

图 10-23(a)与图 10-23(b)给出了电网电压(即 PCC 处电压)、补偿电压和负载电压在不同工况下的实验波形图。从上述分析可知,当电网电压出现 20% 程度的电压暂降/骤升时,通过耦合变压器向串联变流器注入合适的补偿电压,使负载电压得到较好的正弦波补偿,而不受电网电压变化的影响。如图 10-23(c)与图 10-23(d)所示,当电网电压三相不平衡时,串

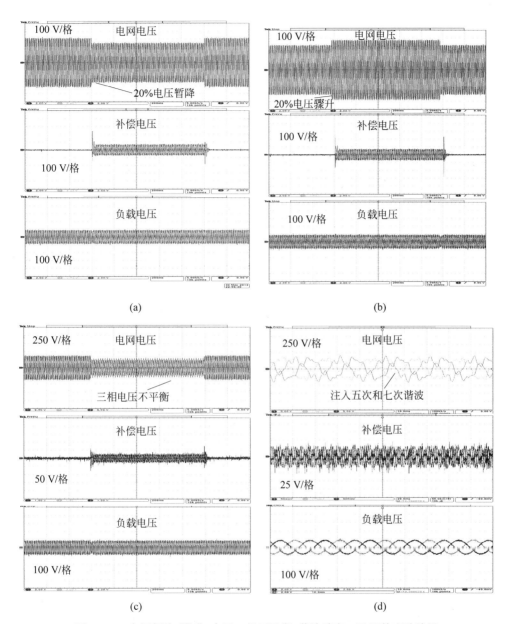

图 10-23　电压暂降/骤升、电压三相不平衡、谐波畸变工况下的实验波形

联变流器将会注入适当的补偿电压,最后将负载电压调节到正常值;当电网电压含有五次或者七次谐波时,串联变流器能够滤除电网电压的高次谐波分量,防止负载电压受到谐波污染。

如图 10-24 所示,自上而下给出了微电网中负载电流、补偿电流、电网电流的 RT-LAB实验波形。当非线性负载(一般为 R-L 负载)突然变化或切入不平衡负载时,并联变流器注入补偿电流,以保护来自电网侧电流不受负载突变或不平衡负载切入的影响,使其维持在一个稳定值。

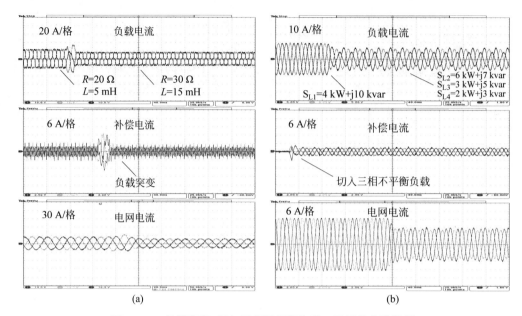

图 10-24　负载突变、切入三相不平衡负载工况下的实验波形

10.4　本章小结

　　本章首先对 RT-LAB 的工作原理、装置图、顶层子系统模型等部分进行了详细的总结；其次,介绍了用于三相两电平逆变器以及三相三电平并网/离网两种运行模式下的系统实验平台以及结构原理；随后根据实际要求对实验电路的元器件装置进行了选型及设计,通过实验室现有的 Simulink Real-Time 实时控制平台对前几章所提出的控制策略进行硬件在环测试以验证其有效性；通过对比实验结果与仿真结果可以得出,本书所提基于模型预测控制的逆变器并网/离网控制策略以及抑制逆变器输出共模电压控制策略具有良好的控制效果,因此,将模型预测控制技术应用于逆变器的并网及离网运行控制中具有一定的实用性；最后,在 RT-LAB 实验平台上搭建了基于 UPQC 的微电网系统模型,并执行了三个内容,即基于三种不同锁相环对电网电压频率与相角信号进行跟踪、基于三种不同锁相环得到的电网电压信号进行基波/谐波检测、基于 DDSRF-PLL 的 UPQC 控制策略的验证,得到的实验结果与仿真结果基本上保持一致,进一步说明本书所提的基于 UPQC 改善微电网电能质量关键技术的可行性。

参考文献

[1]　GUILLAUD X, FARUQUE M O, TENINGE A, et al. Applications of real-time simulation technologies in power and energy systems[J]. IEEE Power and Energy Technology Systems Journal, 2015,2(3): 103-115.

[2]　李飞,王艺潮,张兴,等. 一种具有频率支撑功能的 MPPT 控制策略[J]. 太阳能学报,2020,41(8): 160-166.

［3］　ZHANG Y,WEI W. Decentralised coordination control strategy of the PV generator,storage battery and hydrogen production unit in islanded AC microgrid［J］. IET Renewable Power Generation,2020, 14(6)：1053-1062.

［4］　沈坤,章兢.具有建模误差补偿的三相逆变器模型预测控制算法［J］.电力自动化设备,2013,33(7)： 86-91.

［5］　陆献标.基于xPC目标的实时仿真系统验证平台开发［D］.长春：吉林大学,2013.

［6］　BUENO E J,COBRECES S,RODRIGUEZ F J,et al. Calculation of the DC-bus capacitors of the back-to-back NPC converters［C］. 12th International Power Electronics and Motion Control Conference. 2006：137-142.